HISTORIQUE

DE LA

CRÉATION

D'UNE

RICHESSE MILLIONNAIRE

PAR

LA CULTURE DES PINS.

IMPRIMERIE

DE MADAME HUZARD (NÉE VALLAT LA CHAPELLE),
rue de l'Éperon, n°. 7.

HISTORIQUE

DE LA

CRÉATION

D'UNE

RICHESSE MILLIONNAIRE

PAR LA CULTURE DES PINS,

OU

APPLICATION DU TRAITÉ-PRATIQUE DE CETTE CULTURE,

PUBLIÉ EN 1826;

ET

CONSEILS AUX HÉRITIERS DE L'AUTEUR DE CETTE CRÉATION, POUR L'UTILISER DANS TOUS SES AVANTAGES;

Par Louis-Gervais Delamarre,

Propriétaire-Cultivateur-Forestier.

A PARIS,

CHEZ MADAME HUZARD, IMPRIMEUR-LIBRAIRE,

RUE DE L'ÉPERON, N°. 7.

1827.

AVERTISSEMENT.

Cet Historique fait suite aux deux éditions du *Traité-pratique de la culture des Pins à grandes dimensions.*

La première, publiée en 1820 sous le titre de *Mémoire*, n'ayant été tirée qu'à cent exemplaires, ne fut pas mise dans le commerce.

La seconde l'a seule été en 1826; elle contient des améliorations à la précédente, et un Appendice sur le cèdre du Liban, les mélèzes, et les deux principales espèces de sapins.

L'errata qui est placé à la fin de cet

ouvrage ne contient pas de corrections essentielles ; cependant il importe de le consulter pour ne pas se méprendre sur des époques chiffrées incorrectement aux pages 19 et 28.

———

J'aurai encore plus que précédemment, besoin d'indulgence pour les incorrections de style, parce qu'ayant rédigé mon manuscrit assez à la hâte, de la fin d'octobre 1826 aux premiers jours de décembre, je me suis trouvé fournir à l'impression une rédaction de premier jet. Toutefois, je me défends de solliciter cette indulgence pour tout ce qui tient aux faits. A cet égard, je serais inexcusable d'avoir été inexact. Aussi, autant mon style a été négligé, autant les faits ont été soignés et revisés. J'y ai apporté toute l'attention

dont je suis capable, et j'en puis d'autant plus garantir la scrupuleuse exactitude, qu'ils me sont familiers depuis
plus ou moins d'années.

PREMIÈRE PARTIE,

ou

HISTORIQUE

DE LA CRÉATION D'UNE RICHESSE MILLIONNAIRE,

PAR LA CULTURE DES PINS.

CHAPITRE PREMIER,

Consacré à des Observations préliminaires.

La satisfaction qu'on éprouve d'avoir réussi est beaucoup augmentée, à mon sens, par le plaisir de faire connaître à ceux qui veulent le savoir, les moyens qu'on a employés pour y parvenir.

C'est d'ailleurs une opinion si positivement manifestée par Xénophon dans son *Économique*, et par notre savant Duhamel Dumonceau dans son *Traité des semis et plantations*, que je me trouve autorisé à la croire fondée.

Et en faisant ainsi connaître par quels moyens j'obtiens tant de succès dans la culture des pins, je réalise l'annonce que j'avais faite de cette publication dans le *Traité pratique* de leur culture, page 2 de l'édition de 1826, par ce motif, qu'un exemple concluant est le plus démonstratif de tous les raisonnemens; qu'on comprend d'autant mieux, et qu'on est d'autant plus convaincu, qu'on a parlé à nos yeux en même temps qu'à notre esprit.

Si M. d'André n'avait pas été enlevé aussi prématurément à la science-pratique forestière, on aurait eu un historique de ses créations de bois dans le parc royal de Boulogne, qui a une étendue de quinze cents arpens d'ordonnance; il l'avait fait diviser en massifs depuis un jusqu'à deux cent trente-cinq. A l'aide du plan qu'il en avait fait dresser, et dont il m'a accordé un exemplaire, on aurait appris, à volonté, ce que chaque massif amélioré contenait; les travaux qu'on y avait exécutés; ce qui avait réussi comme ce qui n'avait pas prospéré; ce qu'il en était résulté de dépense, etc.; c'eût été enfin, comme je l'entendais répéter à M. d'André peu de jours avant sa mort, un moyen aussi simple qu'instructif d'apprendre à cultiver en bois et forêts une grande quantité d'arbres tant exotiques qu'indigènes, soit qu'on voulût les adopter tous, soit qu'on se bornât à n'en adopter qu'une ou plusieurs espèces.

M. de Larminat a eu la même pensée pour la forêt de Fontainebleau, qu'il améliore à un si haut degré. Dès le mois d'août 1822, je lui entendais dire qu'il était fort avancé dans la rédaction de l'historique des trois cents triages de cette belle forêt de trente-trois mille arpens d'ordonnance, ainsi que des deux mille sept cents massifs, formant la subdivision de ces triages.

Le but de ce que je publie aujourd'hui est donc de porter à la connaissance des personnes qui voudraient le savoir, les moyens avec lesquels j'ai créé, pour ainsi dire soudainement, une assez grande richesse territoriale sur une superficie de peu d'étendue ; par conséquent d'apprendre par quels moyens on pourrait également, avec de légères avances et de légers soins, créer rapidement, pour soi et pour sa famille, comme pour la société consommatrice, des richesses telles, que s'il y avait un inconvénient à redouter, ce serait celui de leur trop grande quantité.

Désignation de ma Propriété.

Je l'ai acquise il y a vingt-quatre à vingt-cinq ans (en 1802).

Elle consiste dans le chef-lieu, ainsi que dans les mauvais bois et landes, ou une simple parcelle de l'ancien comté d'Harcourt près Brionne, département de l'Eure.

Sa contenance excède peu trois cents hectares, équivalens à quatre cents acres, mesure ancienne locale, comme à six cents arpens d'ordonnance, ou à neuf cents arpens parisiens (1).

Elle se compose de quatre morceaux.

Le premier, et l'un des deux plus étendus, comprend des restes de l'antique bâtiment qu'on a, durant des siècles, nommé avec raison, et que depuis cent ans on décore toujours, mais bien improprement, du nom de *château*. Ce premier morceau est lui-même composé, 1°. d'un

---

(1) Cette exiguité, dans la surface de ma propriété, ne doit pas être un sujet de prévention contre son importance; car Hofwil, que l'établissement et les travaux de M. Fellemberg ont rendu si célèbre, n'a qu'une étendue inférieure au tiers de mon modeste domaine, puisque M. Charles Pictet, dans sa lettre du 20 décembre 1807, adressée à ses collaborateurs de la *Bibliothèque britannique*, nous a appris que la surface des champs et prés d'Hofwil n'était que de trois cents poses de trente-deux mille pieds de France, par conséquent d'un peu moins de trois cents arpens parisiens, comme moins de deux cents arpens d'ordonnance ou de cent hectares.

bois plus ou moins médiocre, qu'on appelle *le Parc*, divisé par mes soins en douze parties, et aménagé à douze ans (1), mais ayant environ un quart de son étendue en clairières maintenant assez bien peuplées en pins ; 2°. une pâture sèche que j'ai transformée en bois, qu'on nomme *Garenne*; 3°. une ancienne masure et un ancien verger, que j'ai également transformés en bois ; 4°. un terrain appelé *Quinconce*, et un ancien potager, que j'ai plantés en arbres, ainsi que quelques autres accessoires également meublés d'arbres ; 5°. et finalement une très-médiocre partie de terre tenue en labour.

Le second morceau n'est qu'un boqueteau, appelé le *Bois des Remises*, et où je n'ai été dans le cas de faire que de légères améliorations.

Le troisième, appelé le *Bois de Valleville*, et qui est le plus étendu des quatre morceaux, est un ancien et très-maigre bois que j'ai trouvé aménagé à neuf ans, quoique n'étant divisé qu'en huit parties. J'en ai fait une nouvelle division en douze coupes. Les trois cinquièmes environ de son étendue étaient en clairières,

------

(1) Cet âge d'aménagement est assez celui de ma contrée où, sauf quelques veines, le sol est trop maigre pour supporter un aménagement plus prolongé.

en sorte que les deux cinquièmes seulement étaient en bois proprement dits, mais si maigres, qu'à peu d'exceptions près, il n'y a aucun baliveau, et qu'il ne s'y conserve pas de porte-graine en bouleau jusqu'à deux âges ou vingt-quatre ans.

Enfin, le quatrième morceau était une pure lande de toute ancienneté (1); il tient par un point au troisième morceau. Je l'ai transformé en un bois, auquel j'ai donné la dénomination de *Beauficel*, à cause de son voisinage du hameau de ce nom.

Le sol de ma propriété est généralement siliceux, et il est si fortement tassé, qu'en bien des places il est difficile de l'entamer avec la pioche. Ce n'est que par exception qu'il s'y trouve des veines de terre où il y a des baliveaux parfois fort beaux pour le pays; mais ce qui domine est un terrain si maigre, qu'on ne peut même avoir, comme je viens de l'observer, des porte-graines en bouleau de deux âges.

Les cailloux-silex, ou pierres à fusil, abon-

---

(1) Lorsque je me livrai à transformer cette lande en bois, elle était imposée au rôle de la contribution foncière à raison d'un revenu de quatre-vingt-onze centimes.

dent dans ce sol déjà si rude. Sa production spontanée est ordinairement une bruyère rarement belle ; quelquefois c'est de l'ajonc ; d'autres fois c'est de la fougère, des genêts communs, de la laiche, mais souvent c'est de la mousse sèche superposée sur les cailloux.

La décomposition de ceux-ci donne du gravier, par conséquent elle produit un terrain excessivement sec ; au lieu qu'à l'Aigle, où prospère si bien le sapin blanc, les cailloux de même apparence se décomposent en terre argileuse.

Heureusement que malgré le tassement excessif de ce sol si pauvre et si maigre, il se trouve perméable aux racines des pins. Celui de Bordeaux, ou le pin maritime, qui est si pivotant, y enfonce sa racine, pour ainsi dire unique, avec une facilité qui étonne ; et je n'ai pas le désavantage d'avoir à lutter contre un banc de pierre ou contre une couche de terre inférieure qui ne se laisse pas percer par les racines des arbres.

Du reste, mon terrain est plus ou moins escarpé dans la proportion d'environ un quart de son étendue.

Une assez notable partie du premier morceau forme un vallon souvent étroit, où il gèle à-peu-près chaque jour de l'année. Les eaux de la plaine viennent s'y perdre dans ce qu'on appelle vulgairement des *boitout*, lors des orages, des grandes pluies et de la fonte des neiges.

J'ai aussi quelques légères parties en vallon dans le quatrième morceau. Le climat s'en trouve trop rude pour le peuplier, pour le saule des bois et pour les ormes. J'y en avais placé, et je les ai vus périr; mais profitant de ce qu'avait expérimenté M. de Buffon dans les vallons appelés *combes* en Bourgogne, je leur ai substitué avec succès des pins sylvestres d'Écosse par la voie de la transplantation.

Mes premiers Travaux en semis et plantations de bois.

Ils ont eu lieu exclusivement en bois d'essences feuillues.

C'est sans succès définitif que j'ai fait des semis assez considérables en chêne, hêtre, charme, châtaignier, frêne, orme, acacia, ébénier et Sainte-Lucie.

Ce n'est qu'en bouleau, et principalement par la voie du semis à demeure, que j'ai obtenu quelque succès. Mes semis à cet égard se sont étendus à plusieurs centaines d'arpens; mais leur prospérité ne se soutient pas généralement. Il semble que dans mes anciens bois le sol en soit usé, et que dans les nouveaux, le terrain soit encore trop maigre pour cette essence inférieure. Je me trouve bien de remédier aux fontes et au dépérissement que j'éprouve, par des semis de graines de pins.

Il m'est bien arrivé de planter des arbres de hauts jets, tels qu'ormes, frênes, hêtres, sycomores et peupliers; mais ce n'a été que sur une petite échelle.

Cette partie de mes améliorations ne se trouve que sur quelques points de ce qui compose le premier des quatre morceaux que j'ai désignés il y a un moment. Ce que j'en avais placé sur un point du quatrième morceau n'a eu définitivement aucun succès.

Autres Travaux.

Je les fais consister dans les allées et les sentiers que j'ai fait ouvrir dans mes bois.

Ces ouvertures y sont très-multipliées. Les unes ont pour objet la division de chacun de ces bois en massifs distincts les uns des autres, et auxquels on donne ordinairement la dénomination de *coupes* ou de *ventes.*

D'autres ouvertures, telles que celles faites tout au pourtour de mes bois, ont pour objet principal l'inspection facile et journalière de ces bois, tant de la part du maître que de la part des gardes.

Et toutes servent ou facilitent à différens degrés la vidange de ces bois.

J'ai d'ailleurs fait souvent améliorer les chemins publics, tant dans les parties où ils traversent ou bien où ils longent mes bois, que dans le voisinage de ceux-ci.

D'un autre côté, j'ai fait régler et fixer toutes les limites de mes bois par des bornages réguliers avec mes voisins, qui, sur quelques points, sont excessivement multipliés.

J'en ai fait clore des parties par des fossés, et d'autres qui ne sont encore qu'ébauchés, par des bordures de cailloux-silex dont mes bois abondent si fréquemment.

J'ai assez souvent orné de barrières les extrémités de mes allées sur leurs points extérieurs.

Et j'ai ébauché l'abaissement des montées ou des escarpemens de mes allées et sentiers.

Mes Travaux définitifs, ou ma Création de richesse millionnaire.

Ce n'a été qu'au commencement de l'année 1811 que je me suis adonné à la culture des pins.

Je me suis fixé principalement à l'espèce ma-

ritime ou de Bordeaux, avec des graines obtenues du pays du Maine, dont le climat est plus
en harmonie avec celui de ma contrée, que ne
l'est le climat des Landes, dites *de Bordeaux*.

Ce n'est que secondairement que j'ai aussi cultivé, à partir de l'année 1812, le pin sylvestre
de l'espèce ou variété dite *d'Écosse*, également
avec des graines obtenues du pays du Maine,
où ce pin est cultivé depuis des siècles, mais
aujourd'hui en beaucoup moins grande quantité
que le pin maritime.

Toutefois, dans la vue de faire des essais,
d'acquérir de l'instruction et de me procurer
tant des moyens de multiplication, que des
moyens d'alterner, à l'aide du temps, la production de mon sol, j'ai donné quelques soins à
la culture en petit d'un assez grand nombre
d'autres espèces et variétés d'arbres résineux;
ce sont :

Le mélèze d'Europe ;

Le sapin-pesse, ou épicéa ;

Le pin du lord, ou pin Weymouth ;

Le pin laricio de Corse ;

Les pins laricios de Calabre, d'Amérique,
de Caramanie et de Crimée (1) ;

____

(1) Si je n'ai pas cité ce laricio de Crimée dans le *Traité*

Le pin sylvestre de Riga ;

Le pin sylvestre de Haguenau ;   (1)

---

pratique de la culture des pins à grandes dimensions, c'est parce que je ne l'ai connu que depuis sa publication. J'en dois la connaissance à M. Bosc, et d'avoir su par M. Descemet, qui le cultive à Odessa, qu'il possède dans la culture en grand un avantage précieux, celui de n'avoir besoin d'aucune espèce d'abri contre la sécheresse, qui est si excessive à Odessa, tandis qu'il y en faut donner au *laricio de Corse.*

Du reste, les laricios de Calabre, de Caramanie et de Crimée, offrent une grande ressemblance entre eux et tranchent avec le laricio de Corse; mais, si on pouvait se former une opinion d'après un petit nombre de sujets, on pourrait ajouter aux avantages du laricio de Crimée celui d'une végétation particulièrement vigoureuse, et celui d'être d'une grosseur si uniforme, que sa tige forme exactement la colonne, du moins à un degré supérieur à celui que j'ai signalé en parlant du laricio de Corse.

J'observe, d'ailleurs, qu'en donnant à tous ces pins la dénomination de laricios, je n'envisage les choses que comme cultivateur. Il en serait autrement en science exacte, puisque, par exemple, ce que j'appelle *laricio d'Amérique,* n'en est qu'une espèce voisine, et doit en constituer une distincte; cette classification étant adoptée par tous les botanistes, comme l'a observé M. Bosc dans les *Annales d'Agriculture,* page 240 du tome XXIII, seconde série.

(1) J'observe aussi que, page 239 de ces *Annales,*

Et le pin sylvestre de Genève.

Si je n'ajoute pas à cette énumération, d'autres espèces que je possède un peu, telles que le pin du Népaul auquel on attribue des dimensions gigantesques et qui me semble être le *pinus longifolia*, le pin des Abruzzes, le pin de New-Jersey, ou pin mitis, le sapin blanc, ou sapin de Normandie, etc., dont j'ai aussi essayé la culture, c'est parce qu'à leur égard je me trouve encore moins avancé pour avoir une opinion sur la possibilité de les cultiver en grand, ou en bois et forêts dans ma localité.

M. Bosc exprime l'opinion que le pin de Riga et le pin de Haguenau ne sont pas différens l'un de l'autre.

CHAPITRE II,

Concernant les Travaux exécutés dans le premier et le second morceau de ma propriété, ou dans le bois du Parc, le bois Garenne, etc.

Choses générales.

Cette partie de ma création de richesse en bois, en forme environ le quart.

Pour l'intelligence de ce que j'ai à en expliquer, je joins ici le plan figuratif de ce que j'appelle le *premier morceau.* Quant au second morceau, il n'a eu besoin que de si peu d'améliorations, qu'il suffira de ce que j'en dirai à son article.

Mais le premier morceau se composant de plusieurs parties, je devrai en parler distinctement les unes des autres.

Et la plupart de chacune de ces parties se subdivisant, notamment le bois du Parc, en plusieurs massifs, j'aurai à en parler aussi par distinction les uns des autres.

J'accompagne d'ailleurs leur dénomination

de numéros d'ordre, pour simplifier davantage leur indication lorsque j'aurai à les citer.

Dans ces dénominations, je me suis attaché à conserver celles qui existaient dans mes anciens bois; mais dans ceux que j'ai créés, je me suis plu à orner leurs massifs, soit du nom de personnes qui m'ont, les unes encouragé, accordé de l'affection; les autres facilité, aidé et secondé dans mes travaux, soit de la dénomination de sentimens qui ont exercé de l'influence sur ces travaux.

Pour mieux utiliser ma création, je mets de l'importance, comme je l'ai dit, page 181 du *Traité pratique de la culture des pins à grandes dimensions*, à vérifier chaque année le grossissement des arbres dans un bon nombre de mes massifs, afin qu'on puisse facilement savoir l'époque de la maturité des sujets qui les composeront, par conséquent l'époque où il faudra les exploiter, puisque la diminution du grossissement annuel est réputée être un signe certain de l'approche de la maturité, et que sa cessation est une preuve que l'arbre est parvenu à tout son accroissement, de telle sorte qu'il ne pourrait que décroître en qualité et en valeur.

J'aurai donc soin de faire connaître, dans la

revue que je vais faire de chacun de mes massifs, quels sont ceux où il existe de ces sujets d'expérience.

Au moyen de cette précaution, on pourra connaître non-seulement le grossissement des arbres de chaque massif, en comparant sous ce rapport les massifs entre eux ; mais on pourra également connaître, par la réunion des sujets d'expérience, le grossissement annuel des arbres de chacun de mes bois, en les comparant aussi entre eux sous ce point de vue. Enfin on pourra, par la réunion de la totalité des arbres d'expérience de chaque espèce, savoir quel aura été, à terme moyen, le grossissement annuel de chacun d'eux.

Je rappelle, à ce sujet, que c'est à trois pieds au-dessus du sol que je fais le mesurage annuel de la circonférence des arbres.

Bois du Parc.

Son étendue est d'environ cent vingt acres locales, comme de quatre-vingt-dix hectares ou de cent quatre-vingts arpens d'ordonnance, qui correspondent à deux cent soixante-dix arpens parisiens.

Les vides ou clairières qu'il offrait équivalaient à plus du quart de son étendue.

En faisant connaître ici les repeuplemens ou restaurations que j'y ai exécutés, je m'abstiendrai, comme à l'égard de mes autres bois, de faire l'énumération des travaux ainsi exécutés dans chacun des massifs que je passerai en revue, parce que ce pourrait être une répétition fatigante ; mais quoique ces travaux soient souvent différens dans certains massifs de ce qu'ils ont été dans d'autres, je crois néanmoins les faire suffisamment connaître en expliquant, à l'égard d'un, deux ou trois massifs de chacun de mes bois, ce qui y a été fait, par la raison qu'on pourra prendre une idée des choses exécutées dans les autres par la connaissance qu'on aura des travaux faits dans ceux où je donnerai des détails plus circonstanciés.

Voici donc quels sont les repeuplemens ou les restaurations qui ont eu lieu dans le bois du Parc.

N°. 1er., *ou Vente des Porions.*

La *culture préparatoire* exécutée dans les vides de ce massif n'a pu être faite qu'à bras d'homme, tant à cause de l'escarpement du sol, que parce que les vides n'étaient pas assez réunis pour que ma charrue à défricher pût y manœuvrer.

Cette culture à bras a consisté à faire de place

à autre, et à l'écartement d'environ quatre pieds les uns des autres, à l'automne 1810 et l'hiver suivant, une grande quantité de défrichemens en pochets (1), d'un à deux pieds d'ouverture, tantôt sur un pied de profondeur, et quelquefois moins.

A l'automne 1822, j'ai fait commencer, à la suite de la coupe du bois feuillu de cette vente, et à la fin de l'été 1823 j'ai fait reprendre et continuer, la restauration de la plus grande partie de ces premiers défrichemens, parce que les semis d'essences feuillues, et même ceux de pins, faits dans un petit nombre, y avaient peu réussi, comme je vais avoir occasion de le dire. J'en ai même fait faire de nouveaux, auxquels on a donné une plus grande ouverture; mais une simple profondeur de trois ou quatre pouces, et je les ai, les uns et les autres, fait souvent lier entre eux par d'autres défrichemens en rayons de deux pieds de largeur; ces rayons, comme les nouveaux défrichemens, étaient formés en enlevant la superficie du sol pour en jeter les déblais sur les intervalles non défri-

---

(1) Il y a des pays où ces défrichemens reçoivent le nom de *pochets*, de *poquets*, d'*augets*, et autres équivalens.

chés, et en piquant ensuite le terrain graveleux de dessous cette première couche de
bruyère à la simple profondeur de trois ou
quatre pouces (1).

Les *semis de pins* que j'ai fait exécuter dans
cette vente, n'ont eu lieu d'abord que dans une
centaine de défrichemens, parce que dans tous
les autres ce fut d'abord, mais sans succès, du
bouleau, du charme, de l'érable commun, du
frêne et de l'érable-sycomore.

Ce premier semis de pins s'exécuta au mois
de mars 1821, et eut lieu exclusivement en espèce maritime. Cet essai réussit passablement,
quoique les graines fussent laissées à nu sur le
sol, sans être recouvertes ni autrement enterrées.

Au mois d'avril 1813, j'ai fait, avec peu de
succès, semer de pareils pins dans la généralité
des autres défrichemens, sans y faire préala-

---

(1) Je me suis presque toujours mieux trouvé de mettre
le terrain ainsi à nu par l'enlèvement de la couche de
bruyère qui forme sa superficie, lors de ma culture préparatoire à bras d'homme, et mes semis de pins ont ordinairement mieux prospéré dans le sol graveleux qui se
trouve immédiatement au-dessous de la croûte formée par
la bruyère, qu'ils n'ont fait lorsqu'on a mélangé cette
croûte brûlante avec la couche inférieure.

blement aucun nouveau travail. Ce fut d'ailleurs
de la même manière qu'en 1811, mais en y mé-
langeant de la graine de bouleau.

En mars 1814, j'ai encore fait répandre, avec
peu de succès, des graines de la même espèce
de pin, à l'aventure, dans les intervalles non
défrichés de mes nombreux poquets.

Au printemps 1823 pour les uns, et au mois de
février 1824 pour les autres, j'ai fait semer dans
la proportion d'un en pin sylvestre d'Écosse,
et de sept en pin maritime, tous les défrichemens que j'avais les uns restaurés et les autres
nouvellement formés à l'automne 1822 et à la
fin de l'été 1823. Ces graines de deux espèces
ont été mélangées ensemble, et après leur semis elles ont été recouvertes de terre par le
moyen du râteau. Ces semis ont été généralement prospères, et ils auront besoin d'être plus
ou moins détassés à six, sept ou huit ans. Ce
n'a été qu'en quelques places qu'en 1825, avant
la mi-mars, je fis faire quelques réensemencemens en pareilles graines mélangées.

Quant aux *éclaircissemens et élagages* des
pins de cette vente, ils n'ont pu encore avoir
lieu qu'à l'égard de ceux résultés des semis de
1811, 1813 et 1814; il y a même eu peu de
détassemens; et les élagages bien caractérisés,

mais néanmoins fort modérés, n'ont été exécutés qu'au commencement de l'automne 1823.
Antérieurement à cette époque, je n'avais fait
élaguer que très-légèrement les seuls plus forts
sujets.

Les *sujets d'expérience* en cette vente, pour
connaître le grossissement annuel des arbres
qui s'y trouvent, sont au nombre de six, nu-
mérotés d'un à six, et tous de l'espèce maritime : ils résultent des semis de 1811 et de
1813.

N°. 2, *ou Vente de messire Pierre.*

C'est un des massifs les plus étendus de mon
bois du Parc.

C'est aussi un de ceux où les vides étaient
plus considérables, et où, dans les parties planes,
j'ai pu faire préparer le sol destiné à être semé,
par le moyen de ma forte charrue à désarter et
à défricher.

C'est encore un des massifs les plus rebelles,
et où j'ai éprouvé le plus de difficulté à réussir.

C'est enfin dans cette vente que j'éprouvai
un procédé de méchanceté fort caractérisé,
procédé décourageant et dont il est d'expérience qu'on abreuve presque toujours ceux
qui s'adonnent à des améliorations, utiles plus
à autrui qu'à eux-mêmes. J'en ai fait la cita-

tion page 107 de la première édition de mon *Mémoire sur la culture des pins*, et j'y ai exprimé ma gratitude pour la protection spéciale que j'éprouvai relativement à mes travaux, de la part de M. Lizot, député, exerçant alors les fonctions de procureur du Roi en la ville de Bernai, et de la part de la préfecture de l'Eure, qui était à cette époque administrée par M. de Chambaudouin.

La transplantation que je fis par essai des pins en automne, et dont j'ai parlé page 48 du *Traité de la culture des pins*, a eu lieu dans cette vente, le long de l'allée qui la sépare d'avec la vente N°. 1, là où le sol est composé plutôt de cailloux-silex que de terre graveleuse. Ce fut les 13 et 14 septembre de l'année pluvieuse 1816 que je fis cet essai, par cent six pins maritimes levés dans mes semis du printemps 1815; ils ont boudé long-temps, mais depuis quelques années ils végètent fort bien. Aucun n'a manqué.

On trouvera aussi dans cette vente aux approches de l'allée qui la sépare d'avec celle n°. 3, et le long du sentier qui la traverse en ligne droite du nord au midi, mais qui bientôt sera élargi en allée de débardage, des pins de Riga que j'y ai fait semer le 17 mai 1824, en graines provenues de trois mille deux cents cônes qui me furent obligeamment envoyés de Brest par M. Noël, directeur du Jardin botanique de la marine, et qui avaient été cueillis sur des sujets de vingt ans, issus de ceux produits par les graines que rapporta de Russie M. Barbey, cité par M. de Malesherbes, et dont j'ai eu occasion de parler page 17 du Traité précité.

Du reste, les pins maritimes qui se trouvent dans cette vente sont, un peu de 1811, davantage de 1812, et plus encore des nouveaux semis que je fis exécuter au printemps 1824, à la suite de l'usance du bois feuillu de cette vente, sur un grand nombre de défrichemens et houillages qui furent faits à bras d'homme dans des vides dont une partie a tellement disparu depuis par l'effet de la végétation des premiers pins, qu'une grande partie de ces semis récens en sera étouffée, ou deviendra inutile.

Quant aux pins sylvestres qui se trouvent aussi en grand nombre dans cette vente, et autres que ceux de Riga, dont je viens de parler, ils résultent beaucoup des semis que j'en fis faire en mars 1812, en graines de l'espèce dite *d'Écosse*, mélangées alors avec celles de pin maritime; ils résultent aussi de ces semis de 1824, destinés à être souvent inutiles. Une légère portion longeant l'allée séparative d'avec la vente N°. 1, a été semée, le 17 mai 1824, avec des graines produites par mes sujets originaires de 1812, et ils sont d'une végétation particulièrement vigoureuse.

Je ne parlerai pas autrement du semis que je fis faire en avril 1813 de graines de mélèze, de sapin blanc, d'épicéa que j'obtins alors de Genève par les soins obligeans de feu M. Borel, parce que ce semis est resté à-peu-près sans succès, sur-tout pour le sapin blanc.

Les *éclaircissemens et les élagages* exécutés dans cette vente ont été ceux - ci : dès l'automne 1818, je fis élaguer un peu les plus forts pins sylvestres d'Écosse provenus du semis du mois de mars 1812, parce que j'avais remarqué qu'ils étaient souvent affamés par des branches inférieures aussi grosses que les tiges, chose dont les inconvéniens m'avaient frappé, en visitant, l'été précédent, avec feu M. l'inspecteur Ricard, les grands semis de la forêt de Rouvray, près Rouen.

Cinq ans après, ou à l'automne 1823, j'ai fait répéter cet élagage, et je l'ai étendu tant à la généralité des pins sylvestres qu'aux pins maritimes.

D'un autre côté, j'ai fait, à cette dernière époque, éclaircir les sujets de l'une et de l'autre espèce, dans les endroits où ils se trouvaient trop tassés, ce qui n'était pas général, mais seulement par places; il serait assez à propos que ces deux procédés d'éclaircissemens et d'élagages fussent répétés dès cette saison de l'automne 1826, ou plutôt de l'hiver suivant, dans ces semis originaires; mais d'autres travaux et l'excès de production que j'obtiens de ma culture, me forceront probablement d'ajourner cette amélioration à un an.

Les *sujets d'expérience* sont, dans cette vente, au nombre de six, dont trois en pins maritimes et trois en sylvestres d'Écosse. Ils proviennent les uns et les autres du semis de mars 1812.

N°. 3, *ou Vente de la Mare aux Moines.*

C'est aussi un des plus grands massifs du bois du Parc.

Ses vides avaient moins d'étendue que ceux du N°. 2, mais ils l'étaient assez sur un point pour permettre la culture préparatoire aux semis, par le moyen expéditif de la charrue à défricher. D'autres vides trop petits pour qu'on y pût faire usage du même moyen, et d'autres où le sol est escarpé, n'ont pu être préparés à l'ensemencement que par des défrichemens à bras d'homme.

Du reste, les semis originaires ont été plus prospères, ou ils ont été moins rebelles que dans le N°. 2, et j'ai eu moins que dans celui-ci besoin de l'esprit de suite et de persévérance que Dieu m'a accordé.

Ainsi, la *culture préparatoire* aux semis a été de deux sortes dans cette vente, comme elle l'a été dans celle du N°. 2; savoir, le labourage à la charrue dans les grandes clairières dont le sol était assez plane pour qu'elle pût opérer, et les défrichemens à bras d'homme, tant dans la totalité des autres vides que même sur quelques parties précédemment labourées à la charrue, mais où les premiers semis ne me paraissaient pas suffisamment tassés.

Le labourage, qui là comme ailleurs n'a jamais été répété pour un même semis, a eu lieu en trois fois : la première, au commencement de 1811, sur une légère portion avoisinant le N°. 2 vers la côte; la seconde fois, ce fut au commencement de 1812 et sur presque tout le surplus des grands vides; la troisième fois, le labourage n'eut lieu que sur l'emplacement d'anciens chemins de débardage que je faisais supprimer, et ce fut au mois d'avril 1813.

Quant aux défrichemens et houillages faits à bras d'homme, ils ont été exécutés aussi à trois époques.

Dans la première, qui se compose du courant de 1811 et du commencement de 1812, je fis faire dans les vides en côtes ou en terrains escarpés, des défrichemens en pochets semblables à ceux que j'ai cités au N°. 1ᵉʳ. qui précède.

Dans le courant des années 1814 et 1815, j'ai fait faire un grand nombre d'autres défrichemens dans les petits vides, qui étaient assez multipliés au-dessus de la côte. Ils ont consisté le plus souvent à remuer le sol de place à autre, en enlevant la couche superficielle qu'on jetait sur les intervalles non défrichés, en piochant la terre d'immédiatement au-dessous à une simple profondeur de trois ou quatre pouces, sur une longueur de six pieds et une largeur de trois pieds.

En l'hiver 1824 à 1825, à la suite de l'exploitation du bois feuillu de cette vente, je fis, 1°. restaurer par un simple remuage ou houage presque tous les défrichemens exécutés en 1814 et 1815, parce que, n'ayant été semés alors qu'en graines de bouleau, il ne s'y trouvait définitivement rien ou à-peu-près ; 2°. faire de place à autre un bon nombre de simples houages de trois à quatre pieds carrés, dans les vides qu'offraient les parties labourées à la charrue en 1811 et 1812; 3°. et former de nouveaux défrichemens de cette dimension de trois à quatre pieds, toujours de place à autre, dans les petits vides des anciennes parties de bois où il n'avait été encore rien fait.

Les *semis d'essences résineuses* peuvent être considérés comme ayant été faits en deux époques.

Ceux de la première, qui s'étend du printemps 1812 à pareille saison 1824, ont consisté,

1°. A semer, au mois de mars 1812, à la volée sur les grandes clairières labourées alors à la charrue, de la graine de pin maritime et un peu de graine de pin sylvestre d'Écosse mélangées ensemble, ainsi qu'avec de la graine de bouleau en grande abondance; à semer aussi sur les mêmes parties, par augmentation au premier semis et sans nouvelle préparation du sol, au mois d'avril 1813 et de la même manière, des graines de mélèze, de sapin blanc et d'épicéa en même temps que je le faisais faire dans la vente N°. 2, mais avec plus de succès, du moins pour les mélèzes et les épicéas, qui, au surplus, sont, dans ce mauvais sol, d'une infériorité considérable aux pins maritimes et d'Écosse ; encore à semer par repassage sur quelques points de ces mêmes parties labourées au mois de mars 1814, des graines de pins maritimes, qui furent répandues non à la volée, mais par touffes de place à autre ;

2°. A semer au mois d'avril 1813, à la volée et toujours sans la recouvrir par hersage ni autrement, de la seule graine de pin maritime mélangée avec des graines de bouleau sur le labourage fait à la charrue, des anciens chemins de débardage supprimés ;

3°. Et à répandre aussi au mois d'avril 1813, sans aucunement les recouvrir, des graines de pin maritime et de bouleau, mélangées ensemble, sur les défrichemens en pochets faits dans la partie en côte ; plus, à répandre à l'aventure et à la volée, dans les intervalles non défrichés de ces poquets, de la graine de pareil pin au mois de mars 1814.

Les semis de la seconde époque ont été exécutés au printemps 1825, et quelquefois repassés à pareille saison 1826, sur tout ce qui avait été travaillé ou retouché l'hiver précédent.

Ces semis ont été faits en graines de pins maritimes et d'Écosse (1), mélangées dans la pro-

______

(1) Quelques-uns de ces emplacemens, c'est-à-dire ceux

portion que j'ai adoptée de sept et d'un, de
cette façon, qu'après avoir remué avec la fourche à dents renversées ou avec le râteau, le sol
des défrichemens qui s'était tassé depuis leur
confection, on y répandait la graine, qu'on re-
couvrait en remuant de nouveau le sol avec le
même outil. Quant au repassage, il a été fait
en seule graine de pin maritime, de la même
manière, mais sur un seul point des défrichemens où il ne se montrait rien ou à-peu-près,
et le plus souvent en croix, afin de conserver
la chance de la levée tardive des graines du
semis de l'année précédente.

Mais j'ai remarqué depuis, qu'une assez grande
partie de ces derniers semis deviendra inutile,
parce que la végétation des sujets résultés des
semis originaires est devenue si active, qu'elle
a fait disparaître et qu'elle a garni les vides qui
s'y remarquaient deux et trois ans auparavant,
de manière soit à empêcher la levée de beaucoup de ces nouveaux semis, soit à les étouffer,

---

intermédiaires entre la mare qui donne son nom à cette
vente et l'allée de pourtour du bois, ont été par exception semés, du moins en partie, avec des graines de pins
sylvestres provenues du repassage des pommes de Riga,
qui me furent envoyées de Brest, et de pommes qui me
furent données au parc royal de Boulogne.

ou enfin à les étioler et à s'opposer à leur prospérité.

Outre ces semis, il y aura quelques *transplantations* de mélèzes et d'épicéas. Je viens de
les prescrire dans les emplacemens où il ne se
montre encore rien et qui sont tant soit peu
aérés, avec les sujets qu'il faut détasser aux
places où il s'en montre en trop grand nombre
résultant du semis du mois d'avril 1813, afin
d'essayer à les utiliser. Ces sujets sont, comme
je l'ai dit, de beaucoup inférieurs aux pins, et
les mélèzes le sont eux-mêmes aux épicéas.

Les *éclaircissemens et les élagages* ont été,
dans cette vente, exactement les mêmes que
dans celle N°. 2. Par cette raison, je me réfère
à ce que j'y en ai dit.

Les *sujets d'expérience* y sont au nombre de
six, dont trois de l'espèce maritime et trois en
pins sylvestres d'Écosse. Tous proviennent du
semis de mars 1812.

N°. 4, *ou Vente du Vivier carré.*

C'est le massif le plus étendu du bois du Parc,
puisque sa contenance est de la huitième partie
de ce bois, quoiqu'il n'en forme que la douzième
en division.

Ses vides avaient une étendue intermédiaire
entre ceux des ventes N°s. 2 et 3; mais parce

qu'ils étaient parsemés de jeunes et maigres cépées de bouleau (1), et sur-tout parce qu'en
bien des places le sol est presque uniquement
composé de cailloux-silex, il n'y avait pas moyen
d'y faire manœuvrer ma charrue à défricher,
comme j'avais pu le faire dans les grandes clairières de ces deux autres ventes, ou du moins
je n'ai pu le faire que pour une très-légère portion qui est au-dessous du vivier donnant son
nom à la vente, ainsi que pour l'emplacement
des chemins de débardage que j'y fis supprimer.

Aussi ai-je eu sujet de trouver cette vente
excessivement rebelle aux améliorations. Il m'a
fallu y appliquer tout particulièrement l'esprit
de persévérance, et revenir sans cesse à y faire
exécuter des travaux de remuage du sol de diverses manières, et y répéter souvent des semis.

Ceux-ci n'ont consisté que dans les deux es-

____

(1) Il y a quarante à cinquante ans, par conséquent
avant mon acquisition, on fit exécuter des plantations
en bouleau dans cette partie du bois du Parc; mais le sol
en est si dépourvu de terre, et les cailloux-silex y abondent tellement, que cette louable amélioration n'eut pour
ainsi dire aucun succès. Il en résulta cependant quelques
cépées de bouleau restées frêles et maigres, mais dont
l'existence fit cesser la nudité absolue du sol, brûlant
par sa composition et par son exposition au sud-est.

pèces maritimes et d'Écosse, tantôt mélangées ensemble, tantôt semées séparément. Le pin sylvestre d'Écosse domine dans la partie au couchant de l'allée qui traverse cette vente du nord au midi ; le pin maritime y est rare, parce qu'il y en a été peu semé, tandis qu'il est commun au-dessous de cette allée ou vers la côte.

Ces pins maritimes qu'on y trouve, résultent des semis que je fis exécuter, en 1812, 1813 et 1814, sur des emplacemens différens ; ils résultent aussi des semis faits à d'autres places aux printemps 1817 et 1818 ; ils résultent enfin des semis faits aux printemps et quelquefois aux automnes 1819 à 1821 inclusivement, tant encore à de nouvelles places que sur une partie des précédentes, où le semis fut répété, faute de succès des premiers.

Quant aux pins d'Écosse, les plus anciens sont ceux semés au printemps 1812 sur la légère portion labourée à la charrue, au-dessous du vivier. Tous les autres résultent de mes semis faits de 1817 à 1821 inclusivement.

Les *éclaircissemens et les élagages* ont été jusqu'à présent de fort peu de chose dans cette vente. Ce ne fut qu'à l'automne 1823 que j'en fis faire pour la première fois dans les semis de 1812 à 1814. Il conviendrait assez de les répéter et de les étendre à tous les semis ; mais d'autres travaux, et la surabondance que j'éprouve dans la production, me déterminent à ajourner la chose ou à l'automne 1827, ou plutôt à l'hiver suivant.

Les *sujets d'expérience* y sont au nombre de six, dont trois en pins d'Écosse provenant du semis de 1812, et trois en pins maritimes de 1813.

N°. 5, ou *Vente de la Mare-au-Loup.*

Les vides qui existaient dans cette vente approchaient de la moitié de toute son étendue; mais ils étaient disséminés sur toute sa surface. Il n'y en avait aucun d'assez grand pour que la charrue pût y travailler ; ou du moins dans les endroits où, à la rigueur, on aurait pu employer ce moyen de préparer le sol, son escarpement était assez caractérisé pour s'y opposer.

Du reste, les travaux y ont été beaucoup moins répétés que dans le Vivier carré, et j'ai trouvé qu'en comparaison de cette dernière vente, les travaux y avaient été faciles, parce que les semis y ont été prospères de prime abord, quoique le sol et l'exposition ne soient guère moins maigres ni moins défavorables que dans le Vivier carré.

Les plus anciens pins maritimes qui s'y trouvent sont du printemps 1813. Ils sont vers la côte, et résultent de semis que je fis faire alors sur de petits défrichemens en poches.

La plus grande partie des pins de cette espèce et des pins sylvestres d'Écosse, qui sont les deux seuls que j'aie établis dans cette vente de la Mare-au-Loup, proviennent des semis que j'y fis faire par mélange, en grande quantité, et avec un succès fort satisfaisant au printemps 1819, à la suite de l'usance du bois feuillu coupé quinze mois auparavant; car je faisais préparer, là comme ailleurs, le terrain la saison d'après l'exploitation, pour semer au printemps d'après cette préparation. Ce n'est que sur quelques points que j'ai, à l'automne de cette même année 1819, et au printemps de l'année suivante, fait repasser ces semis généralement prospères, également en graines maritimes et d'Écosse mélangées.

Les *éclaircissemens et les élagages* n'ont pu avoir encore lieu que dans le semis de pin maritime du printemps 1813; mais ces deux travaux doivent s'y répéter et être étendus au semis de 1819, la saison à laquelle nous touchons.

Les *sujets d'expérience* en cette vente sont au nombre de six, tous de l'espèce maritime et provenant du semis de 1813.

3.

N°. 6, *ou Vente de la Cavée de la Haye.*

Les anciens vides de cette vente étaient moins étendus que ceux de la Mare-au-Loup, et ils étaient d'ailleurs beaucoup moins disséminés.

Sur quelques points de la côte, ils auraient été assez grands pour que la charrue pût en préparer le sol, si leur escarpement, et aussi la grande quantité de cailloux qui abondent et qui forment la presque totalité du sol à certaines places, n'y avaient pas fait obstacle, en sorte qu'on n'a pu faire cette préparation qu'à bras d'homme.

Les défrichemens ainsi faits ont été de plusieurs sortes. Ceux où le semis a été si satisfaisant qu'il est admirable, ont été faits en lignes parallèles sur toute la longueur des deux principales clairières, dans la direction du nord au midi, et transversalement à la pente des coteaux.

Les plus anciens pins de cette vente se trouvent être de l'espèce maritime et résulter du semis fait en avril 1813, pour quelques sujets seulement, sur le bord de la côte près de l'allée séparative d'avec la vente N°. 5, et pour un plus grand nombre sur une ancienne friche longeant au nord le chemin public de la Haye.

Les plus anciens pins sylvestres sont ceux de

l'espèce ou variété dite *de Riga*, semés, le 26 juillet 1819, sur une centaine de défrichemens isolés, longeant, en montant, l'allée séparative d'avec la vente de la Mare-au-Loup. Ils proviennent du don qui me fut fait alors par feu M. Poussou, de Hollande, à l'obligeante intercession de M. Duchatenet, receveur général de la Dordogne.

Tous les autres pins qu'on trouvera dans cette vente sont des espèces maritimes et d'Écosse, et résultent principalement du semis qui en fut fait par mélange au printemps 1820, notamment dans les défrichemens en longues lignes dont je viens de parler. Quelques autres défrichemens avaient été semés dès le mois d'octobre précédent, et quelques repassages ont eu lieu au printemps 1821.

Dans la partie appelée *l'annexe*, parce qu'elle est séparée de la principale partie par le chemin de la Haye, ce fut du pin sylvestre d'Écosse qui y fut exclusivement semé au mois de mars 1822; un certain nombre de sujets de cette espèce y furent transplantés au printemps 1825, aux places où le semis n'avait pas prospéré, et ils furent pris dans mes précédens semis.

Les *éclaircissemens et les élagages* n'ont encore eu lieu que dans les semis de 1813 à l'automne 1823 ou à dix ou onze ans d'âge; mais il devient instant de détasser les autres semis, notamment ceux du printemps 1820, et ce travail sera fait au commencement de 1827.

Quant aux *sujets d'expérience*, ils sont dans cette vente au nombre de six, tous de l'espèce maritime et provenant du semis de 1813.

N°. 7, *ou Vente de grande Platière.*

C'est encore un massif excessivement rebelle aux améliorations, tant par l'effet du mauvais sol, que parce qu'il y gèle à-peu-près chaque jour de l'année.

Ses vides n'existent guère que vers son extrémité, et dans ce qu'on appelle son *annexe*, parce que cette portion en est, comme au N°. 6, séparée par le chemin public conduisant de la Haye à la Neuville.

J'y avais fait faire, au printemps 1811, un labourage à la charrue, qui a été insignifiant, à cause des difficultés que le sol offrait à ce travail, et parce que les semis d'orme et de bouleau que j'y fis exécuter successivement ont été sans succès. Depuis et par préparation aux semis des graines de pins, j'y ai fait faire des défrichemens à bras d'homme, tant là où la charrue avait pu travailler, que dans les vides où on n'avait pas trouvé moyen de l'introduire.

Outre les semis de pins, il y a eu dans cette vente des transplantations de même espèce, mais exclusivement en sylvestre d'Écosse, parce que le climat, gelif, s'opposait absolument à la prospérité du pin maritime.

On n'y trouvera que quelques pins maritimes échappés aux effets de ce climat. Ils proviennent d'un semis de graines que je fis faire à l'aventure au printemps 1813 sur le labourage à la charrue, fait deux ans auparavant.

Les pins sylvestres d'Ecosse, qui se trouvent en assez grand nombre dans cette vente, ré-sultent principalement des semis que j'en fis effectuer en saison avancée de l'année 1821, et continuer au printemps 1822. Accessoirement ils résultent d'un repassage que je fis faire sur quelques points de l'extrémité, du 10 au 15 juin de l'année suivante, pour mieux me défendre des gelées printanières. Ils résultent aussi du peu de transplantations que je fis faire vers l'extrémité de la principale partie et dans l'annexe, tant au printemps 1823, qu'à pareille saison 1825. Ils résultent enfin très-accessoirement de semis et de transplantations que je fis en petit par essai et avec un plein succès au mois d'avril 1818, dans un des vides avoisinant l'allée de pourtour du bois et le sentier transversal

de la vente, du levant au couchant, là où j'avais
tout particulièrement à me défendre d'un sol
herbu, chose à laquelle je parvins, puisque les
semis, abandonnés à eux-mêmes, y ont été tout
particulièrement prospères; ce qui m'a déterminé à les étendre en 1821 et 1822.

Les *éclaircissemens et élagages* n'ont encore
eu lieu que dans les semis et transplantations
d'essai du mois d'avril 1818; mais les détassemens de tous les autres semis vont se faire au
commencement de 1827.

Les *sujets d'expérience* n'existent pas encore
dans cette vente, parce qu'elle est en arrière
dans l'avancement de mes améliorations, et
aussi parce que les sujets qui y sont destinés,
étant de l'espèce sylvestre, ils arrivent moins
promptement que ceux de l'espèce maritime
aux dimensions convenables pour qu'on leur
applique ce point d'observation et de remarque
dans la végétation des pins.

N°. 8, *ou Vente des Renardières.*

Les vides qui existaient dans cette vente,
quoique ayant une certaine étendue par leur
réunion, notamment à l'extrémité occidentale
de son plateau, ne pouvaient guère être préparés à la restauration autrement que par un
travail à bras d'homme. Ce fut effectivement

par des défrichemens en pochets; par d'autres ,
en longueur de six pieds sur trois de largeur,
et par des lignes de longueur indéfinie et de
cette largeur de trois pieds, que le terrain fut
préparé à être semé en pins.

En 1811, lors de mes premiers semis résineux, j'en fis un essai en pin maritime sur une
centaine de défrichemens en pochets. Les graines furent laissées à nu sur le sol, et il n'en
résulta que peu de sujets, probablement parce
que les graines furent particulièrement dessé-
chées du soleil ou détruites par les oiseaux et
les animaux, puisque de semblables semis faits
sur d'autres points à la même époque furent plus
ou moins prospères. Quoi qu'il en soit, le peu
d'anciens pins qui existent dans cette vente proviennent de cet essai.

J'en fis aussi semer à l'aventure en avril 1813
dans de petits vides de l'extrémité orientale de
cette vente , bordant le chemin dit *de l'Abbaye*.
Il n'en est résulté que quelques sujets très-ar-
riérés dans leur croissance.

Les principaux semis de cette vente furent
faits au printemps 1822, en graines maritime et
d'Écosse mélangées dans la proportion ordinaire de sept en maritime et d'un en Écosse.
Les graines n'en furent pas laissées à nu, mais

elles furent recouvertes au râteau, et leur semis a été souvent prospère ; j'en ai cependant fait repasser quelques portions dès le printemps 1823, en pareilles graines.

D'autres et nouveaux semis furent faits en pareilles graines mélangées, au mois de juin 1824, sur des défrichemens extensionnels que j'avais fait faire dans de petites clairières où on les avait négligés.

Il existe aussi dans cette vente un petit nombre de pins sylvestres d'Écosse que j'y fis transplanter sur trois points, préférablement au semis, aux printemps 1825 et 1826.

Les *éclaircissemens et les élagages* n'ont point encore été appliqués à cette vente autrement que sur les sujets provenant du semis d'essai de 1811.

Et les *sujets d'expérience* n'y existent qu'au nombre de deux. Ils sont en pins maritimes provenant de ce semis de 1811.

N°. 9, *ou Vente de dessous le Parterre.*

Ce massif n'a été susceptible que de très-légères améliorations en bois résineux, parce qu'il est généralement bien garni de bois feuillus.

Les pins maritimes et d'Écosse, qui s'y trouvent en petite quantité, résultent du semis que j'en fis faire au mois d'avril 1813. D'autres pins d'Écosse, pris dans mes autres semis, furent transplantés, aux printemps 1825 et 1826, à l'entrée de la partie dite *l'ancienne grande Allée*, ainsi que dans l'ancienne pépinière dite *du petit Pré*, réunie à cette vente.

Le peu d'importance de ces pins, à cause de leur petit nombre, me dispense de parler de leur détassement et de leur élagage. Quant aux *arbres d'expérience*, ils sont au nombre de six, dont trois en maritimes et trois en pins d'Écosse, provenant tous de semis de 1813.

N°. 10, *ou Vente de la Mare-Lanterne.*

Cette vente n'avait aussi que peu de vides, et ils n'étaient pas susceptibles d'être labourés à la charrue.

Il n'y existe que des pins de l'espèce maritime.

Ceux qu'on y trouve à l'époque présente résultent d'un semis que je fis faire à l'aventure et à la volée, au mois de mars 1814, dans la partie de ces vides qui avoisine l'allée séparative d'avec la vente N°. 8, ainsi que d'un second semis que j'y fis un an après, mais par touffes; l'un et l'autre sans nulle préparation du sol.

On en trouvera encore, et en plus grand nombre, résultant d'un semis qu'à la suite de l'usance du bois feuillu de cette vente, je fis faire dans ces petits vides, au printemps de 1826, de cette façon qu'avec la fourche à dents renversées, les ouvriers grattaient le sol par touffes, ou de place à autre, puis y répandaient la graine, et repassaient leur outil pour la mélanger tant soit peu avec la terre ainsi seulement déchirée.

On en devra également trouver qui résulteront du semis que j'ai prescrit pour le printemps 1827, en ce que je trouvai, à l'automne précédent, que les ouvriers n'avaient pas assez multiplié les semis, pour garnir tous les vides ; pour cette fois, j'ai recommandé, de faire préalablement au semis futur, des défrichemens à bras d'homme, de trois à quatre pieds de surface, en enlevant et jetant sur les côtés la couche superficielle, puis piochant le sol de dessous à trois ou quatre pouces de profondeur.

Les semis de 1814 et 1815 ont été un peu détassés et élagués au printemps 1826.

Mais je n'y ai pas encore établi des sujets d'expérience.

N°. 11, *ou Vente du haut Bois.*

Les vides n'y existent bien positivement que dans la partie en côte. Ailleurs ils ne sont apparens qu'à la suite de chaque usance du bois feuillu, qui, dans cette vente, est souvent fort maigre, et qui, dans la partie du bas de la côte, est tourmenté par les gelées, pour ainsi dire journalières dans la saison même de la végétation. Aussi profiterai-je de la nouvelle usance qui se fait à présent de ce bois feuillu, pour augmenter les semis, pour ainsi dire d'essais, que j'y ai fait faire à l'automne 1815, en pins maritimes et en laissant la graine à nu sur l'emplacement d'un certain nombre de défrichemens que j'avais fait faire sans enlever la couche superficielle du sol, pour y semer, sans succès, de la graine de bouleau en abondance.

Les pins d'Écosse qui se trouvent dans cette vente, sur un seul point, y ont été semés, au printemps 1818, sur l'emplacement d'un vieux chêne abattu l'automne précédent.

N°. 12 *et dernier, ou Vente dessous le Château.*

Il s'y trouve peu de vides bien caractérisés ; aussi ai-je eu peu de sujet d'y introduire des pins.

Le peu de ceux qu'on y trouve en maritimes, et en sylvestres d'Écosse, y ont été semés au printemps 1817 et à pareille saison de l'année suivante ; mais lorsqu'au printemps 1828, le bois feuillu aura été de nouveau exploité, il est probable que, selon la tendance que j'éprouve en voyant des vides qui ne sont guère appa-

rens qu'immédiatement après l'usance du bois,
j'augmenterai leur nombre, qui, au surplus, ne
pourra jamais être considérable.

Bois Garenne.

C'est un petit bois de ma création.

Son étendue est un peu moindre de treize
acres du pays, par conséquent un peu moindre
de dix hectares, comme de vingt arpens d'ordonnance et de trente arpens parisiens; mais
il annonce devoir donner des produits de quelque importance.

Il précède, à l'aspect du midi, le bois du
Parc, dont il n'était séparé que par ce qu'on appelle, en Normandie, une *banque*, et par une
porte. J'en ai fait conserver des vestiges.

C'était autrefois une remise à gibier; mais,
lors de mon acquisition en 1802, il formait une
pâture sèche, où se trouvaient quelques arbres
de haut jet sur un seul point.

M'étant déterminé à transformer cette maigre pâture en bois, je réalisai la chose l'hiver
1812 à 1813.

Ce petit bois est aujourd'hui meublé généralement de pins. Ceux qui y dominent de beaucoup sont de l'espèce maritime. Ce n'est qu'accessoirement qu'il s'y trouve des pins sylvestres

d'Écosse. Il y existe aussi quelques pins du Lord,
des mélèzes et des épicéas.

J'y ai bien aussi placé du bouleau, tant par
la voie du semis avec le pin, que par le procédé
de la plantation; mais ce bouleau, qui est fort
beau sur quelques points, ne doit y avoir qu'une
existence précaire, parce que là où il s'en trouve
il sera étouffé par les pins. Jusque-là, il aura
été utile pour servir de liens aux bourrées, aux
fagots et aux cotrets, outre qu'il en aura produit une assez grande quantité des uns et des
autres.

Les pins y ont été établis généralement par
la voie du semis ; mais, dans quelques parties,
j'ai été dans le cas d'employer le moyen de la
transplantation.

La préparation du sol n'a pu être faite à la
charrue que sur une grande moitié de sa surface ; pour le surplus il a fallu, à cause de l'escarpement du terrain, recourir à la voie moins
expéditive, plus coûteuse et moins hâtive, des
défrichemens à bras d'homme.

Ayant, peu d'années après ma création, divisé ce boqueteau en six parties, je vais les passer successivement en revue, et faire connaître
les procédés à l'aide desquels les choses se trouvent aujourd'hui dans un état satisfaisant.

Il est tel, que je ne conserve que pour mon instruction le souvenir de l'état décourageant sous lequel ce bois, de nouvelle création, se montrait durant les cinq à six premières années. Il justifiait ce qu'a observé M. Duhamel Dumonceau dans son *Traité des semis et plantations*, en disant que cela arrive presque toujours dans les premiers temps de la formation des bois; et dans mon cas, le découragement pouvait être augmenté par le blâme du pays; mais l'éloge et même l'admiration y ont succédé.

N°. 1ᵉʳ., *ou Vente Pierre-Yves.*

Cette vente a des parties fort rebelles à la venue du bois.

Elle n'a pour ainsi dire aucune partie de sa surface qui soit plane, et à très-peu de chose près elle est toute escarpée, en sorte que la culture préparatoire aux semis par le moyen du labourage à la charrue, n'y a pour ainsi dire pas eu lieu, et qu'il m'a fallu employer le moyen des défrichemens à bras d'homme.

Il reste dans cette vente un ancien porte-graine en bouleau, qui a, ainsi que le voisinage du N°. 12 du bois du Parc, donné lieu à quelques parties de peuplement naturel en bois feuillu. Aussi est-ce celle des six ventes du bois Garenne où il y en a le plus.

La *culture préparatoire* aux semis résineux n'a guère consisté, comme je viens de le dire, que dans des défrichemens à bras d'homme. Ils ont été ou faits ou répétés en trois époques : la première, dans l'été 1813 et l'hiver d'après; la seconde, dans l'automne 1816 et l'hiver suivant; la troisième, l'hiver 1820 à 1821.

Ceux de 1813 ont consisté à faire, en lignes continues à l'écartement de trois pieds sur la longueur et transversalement à la côte, là où la charrue n'avait pas pu passer l'hiver précédent, c'est-à-dire à-peu-près par-tout, des pochets semblables à ceux décrits au N°. 1ᵉʳ. du bois du Parc, et à faire intermédiairement entre ces lignes, un simple houage du sol sur une largeur de trois pieds, mais en longueur continue.

Les défrichemens de 1816 ont consisté à retoucher ces lignes de houage, en y faisant un défoncement de trois à quatre pouces, après en avoir enlevé la superficie et l'avoir mise sur les côtés de manière à mettre à nu la couche inférieure, et à former en quelque sorte des rayons creux de quelques pouces au-dessous du reste du sol.

Et ceux de l'hiver 1820 à 1821 ont consisté à faire, à la suite du récepage exécuté alors sur le bois feuillu de cette vente, 1°. le long de cès mêmes lignes de houage, de petits rayons creux assez semblables à des ornières, par imitation de ce que j'avais remarqué en 1818 dans des sapinières des environs de Laigle, pour y placer (chose faite généralement avec succès) du jeune plant de bouleau ébouté ; 2°. à retoucher de distance à autre, en les houant une seconde fois, ces lignes précédemment et successivement houées et formées en rayons creux, pour y ressemer des graines de pins ; 3°. et à restaurer la plus grande partie des anciens défrichemens en poches, pour y transplanter des pins, parce que les semis qui y furent faits n'avaient pas toujours réussi.

Quant aux *semis résineux,* ce fut au printemps 1813 qu'eurent lieu, en pins maritimes, ceux faits sur le peu de surface où, l'hiver précédent, la charrue avait pu passer.

Au printemps 1814, et par répétition à pareille époque 1815, j'ai fait répandre, sans succès général, des graines de pin maritime, qui furent laissées à nu sur les défrichemens en poches et sur les lignes de houages exécutés en 1813.

Au printemps 1817, je fis semer en graines maritimes et d'Écosse mélangées, les rayons creux qu'en 1816 j'avais fait ouvrir sur les lignes originairement houées.

Et au printemps 1821, de pareilles graines mélangées furent semées sur les emplacemens houés de nouveau, de place en place, dans les lignes précédemment et successivement houées et mises en rayons creux, en sorte que là il y eut jusqu'à quatre semis.

Il y a eu en outre, dans cette vente, des *transplantations* de pins.

Elles ont été faites exclusivement en pins maritimes, 1°. au printemps 1816, dans un certain nombre de défrichemens en poches, où nonobstant les semis successifs de 1814 et de 1815, il ne se montrait rien; 2°. et au printemps 1821, dans tous ceux de ces anciens défrichemens qui venaient d'être restaurés, parce qu'ils restaient dépourvus de plants.

Et elles ont été faites exclusivement en pins sylvestres d'Écosse à cette dernière époque du printemps 1821, dans la partie excessivement herbue du fonds. Ces pins y ont été placés en lignes, avec de jeunes bouleaux dans leurs intermédiaires. L'un et l'autre ont remplacé avec succès le semis que j'y avais inutilement fait de graines de pin sylvestre d'Écosse au printemps 1813, et les ormes, ainsi que les saules-marsautes que j'y avais fait planter ensuite, mais aussi inutilement.

4.

Les *éclaircissemens et les élagages* de pins ont été exécutés, pour la première fois dans cette vente, et seulement à quelques places, au commencement d'octobre 1821.

Cela a été répété dans le commencement de l'année 1824.

Au printemps 1825, j'ai fait élaguer un peu les seuls pins sylvestres transplantés dans la partie herbue du fonds.

Mais, l'hiver 1825 à 1826, ayant fait exécuter un détassement et un élagage général dans toutes les parties de ce bois Garenne, ces deux espèces de travaux ont été itérativement appliqués alors à cette vente. Il m'est évident aujourd'hui qu'ils devront y être répétés à l'automne 1827, ou du moins l'hiver suivant, ainsi que dans toutes les autres parties.

Les *sujets d'expérience* y sont au nombre de six, tous d'espèce maritime, et résultés du semis de 1813.

N°. 2, *ou Vente-le-Boul.*

Ce massif a aussi des parties rebelles ; mais elles ont moins d'étendue que dans le N°. 1er.

D'ailleurs, une portion notable de sa surface se trouvant plane, on a pu y faire travailler la charrue beaucoup plus que dans ce N°. 1er.

Il s'y trouve à son extrémité, le long du bois

Masure, quelques arbres feuillus, notamment des peupliers d'Italie. Ils proviennent de plantations faites aux printemps 1807 et 1809.

Les pins maritimes qui dominent de beaucoup dans cette vente, résultent principalement du semis que j'en fis faire, au printemps 1813, sur le labourage à la charrue de la partie plane. Accessoirement ils résultent du semis fait au printemps 1814, et répété à plusieurs fois un an après, dans les défrichemens en poches, ainsi que sur les lignes de houages, faits les uns et les autres dans la partie escarpée, comme au N°. 1er. Enfin ils résultent des transplantations faites au printemps 1816 avec des sujets pris dans les semis de 1813, dans ceux des défrichemens en poches, où les semis n'avaient pas prospéré. Quelques-uns même résultent encore de semis que je fis faire en mars 1822 en graines de pins maritime et d'Écosse mélangées, dans de ces anciens défrichemens en poches si rebelles à la végétation, qu'il ne s'y trouvait alors toujours rien.

Quant aux pins sylvestres d'Écosse, il en a été semé, à la fin de mai 1818, dont la saison végétative fut si sèche et si chaude. Ce fut sur les rayons creux formés, comme dans le N°. 1er., sur l'emplacement des lignes originairement houées. Il en fut aussi semé, comme je viens de le dire, par mélange avec du pin maritime, au mois de mars 1822. D'un autre côté, il en a été transplanté dans la partie herbue du fonds, au printemps 1821; d'autres, mais en petit nombre, dans quelques légers vides de la partie haute, au printemps 1823.

Les *éclaircissemens et les élagages* ont été, dans cette vente, exactement les mêmes que dans celle précédente.

Et les *sujets d'expérience* y sont aussi au nombre de six, tous de l'espèce maritime, et résultés du semis de 1813.

N°. 3, *ou Vente Henri-Juin.*

Cette vente, qui est la plus étendue des trois de la côte orientale de ce bois Garenne, n'a guère que le tiers de sa surface qui soit plane; le surplus est ou escarpé, ou fort inégal.

Néanmoins c'est une partie fort satisfaisante de ce petit bois. Son extrémité méridionale, qui se termine en pointe, n'a pu être utilisée qu'en bouleau et par la voie de la plantation; mais il y est bien venant. Les frênes, ormes et peupliers qui s'y trouvent en petite quantité le long du bois Masure, ont été plantés en 1807 et 1809.

Les pins maritimes, qui dominent aussi de

beaucoup dans cette vente, proviennent, 1°. du semis qui en fut fait au printemps 1813 avec de la graine de bouleau sur le labourage à la charrue de la partie d'en haut, où la surface du sol est plane; 2°. du semis fait au printemps 1814 et quelquefois répété un an après, tant dans les défrichemens en pochets que dans les lignes de houages, formés les uns et les autres dans les parties escarpées ou inégales où la charrue n'avait pu passer; 3°. de la transplantation qui fut faite, au printemps 1816, avec des sujets pris dans mes semis de 1813, dans un certain nombre de ces défrichemens en pochets où le semis n'avait pas prospéré; 4°. et du semis fait par mélange avec des graines de pin sylvestre, tant à la mi-mars qu'à la mi-octobre 1819, sur un bon nombre de points des lignes précédemment houées, là où les semis précédens avaient été sans succès.

Les pins sylvestres de cette vente résultent, 1°. du semis fait, comme je viens de le dire, par mélange avec du maritime, tant à la mi-mars qu'à la mi-octobre 1819, et aussi d'une portion de graines de pin de Riga, semée le 26 juillet de la même année; 2°. et de la transplantation faite avec des sujets pris dans mes semis, tant dans les premiers jours d'avril 1819 qu'au printemps 1820, dans la partie herbue du fonds où précédemment j'avais inutilement semé du pin d'Écosse et planté du bois feuillu.

On pourra trouver dans cette même vente quelques épicéas. Ils proviennent d'un semis qui en fut fait dans la vente N°. 4. Ayant eu à les détasser, j'en ai fait placer un petit nombre à l'entrée méridionale de celle-là, au mois de septembre 1826.

Les *éclaircissemens et les élagages* n'ont eu lieu sur tous les points que dans l'hiver 1825 à 1826; jusque-là ils n'avaient été que partiels, mais il sera indispensable de répeter ce double travail dès l'automne 1827 ou l'hiver suivant.

Les *sujets d'expérience* sont dans cette vente aussi au nombre de six, tous de l'espèce maritime et provenant du semis de 1813.

N°. 4, *ou Vente de la Mare-des-Bois*.

Ce massif, aussi bien que les deux autres de la côte occidentale de ce bois Garenne, a été moins difficile à créer que ne l'ont été les trois massifs de la côte orientale.

Sa surface n'est plane que pour environ moitié de son étendue; l'autre moitié est en coteau. Il est résulté de cette disposition du sol une différence dans la culture préparatoire, et aussi une différence dans la facilité d'arriver à la création.

Les pins maritimes dominent encore plus dans cette vente que dans les précédentes. Ils sont le résultat du semis fait, au printemps 1813, sur le labourage à la charrue, du semis fait au printemps 1814, et répété sur plusieurs points un an après, tant sur les défrichemens en pochets que sur les lignes de houages faits comme dans les autres ventes, dans la partie en côte. Ils résultent encore de la transplantation qui fut faite, au printemps 1816, avec des sujets pris dans les semis de 1813 sur l'emplacement de poquets où les semis des deux années précédentes n'avaient pas prospéré, et aussi de quelques légères transplantations faites quatre ans après ou au printemps 1820 dans de pareils anciens défrichemens en pochets ; enfin ils résultent du semis qu'au printemps 1820 je fis faire par mélange avec des graines de pin d'Écosse sur un certain nombre de points des lignes précédemment houées où, comme dans des défrichemens en pochets, les semis de 1814 et 1815 n'avaient pas réussi.

Les pins d'Écosse qu'on trouve dans cette vente résultent un peu du semis fait, comme je viens de le dire, par mélange avec du pin maritime au printemps 1820, et davantage de la transplantation que je fis faire à la même époque avec des sujets pris dans mes semis, et en lignes sur la partie excessivement herbue du fonds où précédemment j'avais sans succès et successivement semé du pin d'Écosse et planté du bois feuillu.

Le peu de pins du lord Weymouth qui se trouvent dans cette vente à son entrée vers le midi, proviennent d'un petit semis d'essai fait à demeure et en rayons à un endroit de cette partie du fonds toute herbue, le 21 octobre 1819, avec des graines récoltées peu de temps auparavant dans mon voisinage chez M. le comte de Revilliase, qui s'est plu à me permettre de profiter de ce qu'il y possède, pour faire des expériences et acquérir des connaissances.

Quant aux épicéas, dont le nombre n'est qu'égal aux pins du Lord, ils sont le résultat du semis qui en fut fait à-peu-près sans succès, au printemps 1813, dans tout le bas de la côte occidentale, avec des graines tirées de Genève. Il n'en est résulté que quelques touffes qui ne se sont même montrées que depuis peu d'années. Ayant eu à les détasser, j'en ai utilisé quelques sujets par la voie de la transplantation dans la vente N°. 3.

Les *éclaircissemens et les élagages* ont été à-peu-près les mêmes que dans cette vente précédente. Il faudra aussi les y répéter deux ans après, pour la meilleure prospérité des sujets définitifs.

Les *sujets d'expérience* sont au nombre de six dans cette vente; ils sont en pins maritimes, et proviennent du semis fait en 1813.

N°. 5, *ou Vente-Pécourt.*

Cette partie du bois Garenne n'a eu rien de particulièrement rebelle.

Les pins qui y dominent sont toujours de l'espèce maritime; ils résultent 1°. du semis fait au printemps 1813, tant sur la partie plane labourée à la charrue l'hiver précédent, que sur la portion en côte qui, à cette époque, se trouvait préparée par des défrichemens faits à bras d'homme, les uns en pochets et les autres par lignes houées; 2°. de pareils semis faits, au printemps 1814, sur le surplus des défrichemens de ces deux sortes, et répétés quelquefois à pareille époque 1815; 3°. et de transplantations faites au printemps 1816, dans un certain nombre de défrichemens en pochets où il ne se montrait rien.

Quant aux pins sylvestres d'Écosse qui existent dans cette vente, ils sont le résultat, 1°. de semis faits, au printemps 1818, sur l'emplacement de quelques rayons creux formés dans le bas de la côte et à l'extrémité opposée le long de l'allée du pourtour de ce bois ; 2°. de transplantations que je fis faire en lignes, dans la partie si herbue du fonds, au printemps 1822 ; 3°. et de quelques autres transplantations que je fis faire, au printemps 1824, dans de petits vides qui se trouvaient çà et là, notamment sur un point au-dessus de la côte.

Il se trouve un seul épicéa dans cette vente. Il provient du semis qui y fut fait sans succès au printemps 1813.

Pour les *éclaircissemens et les élagages*, ce que j'ai à en dire est précisément la même chose que ce que j'en viens d'exprimer au N°. 4.

Et pour les *sujets d'expérience*, ce sont aussi des pins maritimes, au nombre de six, provenus du semis de 1813.

N°. 6 *et dernier, ou Vente Borel.*

Cette vente a été la moins difficile à créer dans ce bois Garenne.

Les pins maritimes qui la garnissent presque exclusivement, proviennent, 1°. du semis fait au printemps 1813, tant sur la partie suffisamment plane pour avoir pu être labourée à la charrue l'hiver précédent, que sur la totalité des défrichemens faits à bras d'homme dans la partie en côte, les uns à la manière dite *en poches*, et les autres en lignes houées, parce qu'ils se trouvaient confectionnés assez tôt pour être tous ensemencés dès la première année de création de ce petit bois; 2°. et de transplantations faites, au printemps 1816, dans un certain nombre de défrichemens en poches, où le semis unique de 1813 n'avait pas réussi.

Quant aux pins sylvestres d'Écosse, ils résultent du peu de semis et du peu de transplantations que j'y fis faire exactement de même, et à semblables époques, que dans la vente N°. 5.

Il se trouve dans cette vente quelques mélèzes; ils proviennent du semis qui en fut fait à demeure, par mélange avec le pin maritime, au printemps 1813, avec des graines que M. Borel de Genève m'avait fait venir de cette ville, par l'entremise de M. Thomas.

Du semis d'épicéas obtenus par la même voie, et qui fut fait à la même époque dans la partie herbue du fonds, préalablement labourée à la charrue, il n'est résulté que deux sujets, dont un a même été transplanté au N°. 3.

Les *éclaircissemens et les élagages* ont été absolument les mêmes que dans les massifs N°s. 4 et 5.

Et les *sujets d'expérience*, au nombre de six, de l'espèce maritime, proviennent du semis de 1813.

Bois Masure.

Ce petit boqueteau n'a qu'une étendue de six acres locales, équivalentes à quatre hectares et demi, comme à neuf arpens d'ordonnance, et à moins de quatorze arpens parisiens.

Il est de ma création, et assez récemment, puisque ce n'a été que dix ans après celle du bois Garenne.

Son emplacement formait autrefois le chenil du château d'Harcourt. Depuis, on en avait fait ce qu'en Normandie on appelle *masure,* où lors de mon acquisition, il y avait de petits bâtimens de culture et d'habitation rurale, ainsi qu'un plant généralement fort maigre d'arbres fruitiers. C'est de cette dernière destination qu'il prend le nom de *bois Masure.*

M'étant déterminé à transformer ce terrain en bois de pins, j'en fis, en 1822, disparaître les bâtimens et les maigres arbres fruitiers qui s'y trouvaient. L'hiver d'après, je fis défricher et labourer la surface du sol, comme je vais l'expliquer.

Je le divisai préalablement en trois portions, ventes ou massifs.

A l'une je donnai le nom de *Lemarchand-Fou-longne*, à une autre le nom de *Demenjot-d'El-benne*, et à la troisième le nom de *Demusset de Cogners*.

A l'exception de quelques parties, c'est-à-dire de celles qui sont en fosses, et des rejets de fossés de clôture que je fis ouvrir au levant et au midi, la *culture préparatoire* aux semis a été faite par un seul et unique labourage avec ma charrue à défricher ; mais au lieu d'un labour en plein, comme je l'avais toujours fait dans mes autres bois, les uns créés, les autres restaurés, je fis, à l'exemple de M. Bérard, l'un des plus notables créateurs de bois au pays du Maine, ainsi que de M. Trochu, à Belle-Isle-en-Mer ; je fis, dis-je, labourer, seulement par sillons alternés, avec un intervalle égal laissé en friche, de manière qu'en général ce petit bois n'offre que des lignes alternativement les unes labourées, les autres incultes ; j'ai trouvé, à l'expérience ou à l'exécution, ce moyen de préparation du sol à semer en pins, si bon, que je m'applaudis de l'avoir mis en usage, et que je l'adopterais préférablement à un labourage en plein, si j'avais encore des landes ou de grandes clairières d'anciens bois à utiliser.

Les portions de terrain en fosses et en rejets

de fossés n'ont pu être préparées qu'à bras d'homme. Dans les fosses, c'a été par emplacemens d'environ six pieds de longueur sur trois de largeur, isolés les uns des autres par des intervalles non défrichés, et par de petits rayons continus, à deux étages, le long des rejets de fossés.

Les *semis* ont été faits, à la fin du mois d'avril 1823, sur tout ce qui avait été labouré à la charrue; à la mi-juin suivant, sur les défrichemens des parties en fosses, et, au mois d'avril 1824, sur les rejets des fossés, en graines de pin maritime et de pin sylvestre d'Écosse, mélangées ensemble dans la proportion ordinaire de sept et de un; mais le semis, contre mon attente, n'a prospéré que par places et sur moins de moitié de la surface où il a été fait. Les oiseaux y ont fait tant de dégâts, qu'un seul (une tourterelle) qui fut tué, s'est trouvé avoir trois cent soixante grains dans sa panse; d'un autre côté, le chiendent et toutes sortes d'herbes, de chardons, etc., y ont pullulé avec tant de force et en si grande abondance, non-seulement l'année du semis, mais les trois années suivantes, que, arrivé au terme où l'effet du semis se caractérise définitivement, j'ai pris le parti, après avoir essayé, sans succès assez satisfaisant, la quatrième année, la voie de la transplantation aux places dégarnies, de faire faire, pour être ensemencés au printemps 1827, des défriche-mens à bras d'homme, transversaux aux sillons labourés quatre ans auparavant, à l'écartement de six pieds les uns des autres. Ce semis sera fait de cette façon, qu'avec le pied l'ouvrier formera à travers chaque défrichement trois rayons, sur lesquels on répandra des graines, qu'on recouvrira avec de la terre émiettée. Ces rayons étant isolés les uns des autres, et lais-sant des intervalles entre eux, on pourra, dans la saison végétative, remuer autant de fois que ce sera nécessaire, avec la fourche à dents ren-versées, le sol intermédiaire entre les petits rayons, pour empêcher les herbes de croître, et pour les détruire, puisqu'il est d'expérience qu'un tel remuage, plus ou moins répété, fait périr les plantes les plus vivaces. Ayant fait exécuter sous mes yeux, à l'automne 1826, ces travaux de défrichemens et de semis sur une étendue suffisante, je me suis convaincu de la simplicité du travail et de sa promptitude. Aussi je ne doute pas de son plein succès, et j'aurai recueilli de cette circonstance, l'avantage d'ap-prendre qu'en employant ce procédé, on par-viendrait facilement à créer des bois et forêts de pins du Lord, par des semis à demeure dans les endroits herbus où on est contraint de les former, puisque ce roi des pins d'Amérique exige un sol humide.

Ainsi les pins, tant maritimes que d'Écosse, qu'on trouvera dans ce petit bois Masure, seront le résultat, les uns du semis de 1823, et les autres du semis de 1827.

Ancien Verger.

Cette parcelle du premier morceau n'a qu'une étendue superficielle d'une forte acre, ou de trois grands quarts d'un hectare.

Il était tenu en labour par le fermier de la Masure qui précède ; mais en me déterminant à transformer celle-ci en bois, j'ai étendu cette détermination à ce verger.

Après en avoir fait ôter les jeunes arbres à fruits qui s'y trouvaient, je l'ai fait labourer à la charrue par sillons alternés, avec des intervalles non labourés, comme j'ai dit, il y a un moment, l'avoir fait dans l'ancienne Masure. Cette préparation du sol y a eu lieu à la même époque, c'est-à-dire vers décembre 1822.

Le semis qui a suivi ce labourage, a été fait le 25 avril 1823, en graines de pin maritime ; j'y fis mélanger du pin laricio de Corse, dont

M. Bosc venait de me gratifier ; mais il n'en est résulté qu'une vingtaine de sujets, qui sont concentrés vers l'extrémité nord de ce petit boqueteau.

Quant au pin maritime, les oiseaux et les herbes y ont tellement nui, qu'à peine un tiers de la surface du terrain en est suffisamment garni irrégulièrement de place à autre.

Aussi y ai-je fait faire, durant mon séjour d'automne 1826, les petits défrichemens transversaux aux sillons, dont j'ai parlé au bois Masure, dans toutes les parties où il y avait des vides, et il ne reste qu'à en terminer l'ensemencement au printemps prochain, ainsi qu'à faire un remuage du sol avec la fourche à dents renversées, le long des petits rayons semés, pour se rendre maître de l'herbe, la première et peut-être la seconde année.

Je dis terminer l'ensemencement, parce que je l'ai fait exécuter sous mes yeux dès le 29 septembre, sur tout un des sillons ainsi restaurés ; et c'est en raison de cela que j'ai pu juger de la simplicité, ainsi que de la promptitude du travail.

Ainsi, les pins qu'on trouvera dans cet ancien verger, seront quelques laricios provenant du semis d'avril de 1823 ; des pins maritimes, les uns provenant du semis de la même époque, et les autres devant résulter du semis du printemps 1827; et du pin sylvestre d'Écosse qui proviendra aussi du semis de cette dernière année (1), parce que je fais semer en cette espèce le rayon du milieu de chaque petit défrichement transversal au sillon, afin d'avoir plus de chances de succès, le pin sylvestre se défendant mieux que le maritime, de l'obstacle de l'herbe, comme je l'ai positivement expérimenté dans mes semis du N°. 7 du bois du Parc; et le maritime s'en défendant aussi quelquefois d'une façon très-avantageuse, comme je l'ai éprouvé sur un grand nombre de points du bois Garenne, où, notamment sur la côte occidentale, mes semis ont été assaillis de l'herbe, et aussi dans la vente N°. 11 du bois de Beauficel, où je suis parvenu à avoir de superbes semis de pin maritime sur des points herbus.

Je cite, à cause de l'importance qu'ils auront peut-être un jour, comme devant se trouver

---

(1) On en pourra trouver un bouquet à l'extrémité nord du cinquième sillon, parce que, le 25 août 1826, j'en fis semer un défrichement transversal avec des graines récoltées en mars précédent sur mes propres sujets, et que ce semis tardif se montrait très-prospère en septembre.

dans cet ancien verger, 1°. un des deux pins laricios de Crimée, qui m'ont été donnés au Jardin du Roi (1); 2°. et un pin de chez M. Noisette, qui le dit être de la Chine, et provenir de graines qu'il a reçues de la Société horticulturale de Londres. J'en conclus que c'est le pin de Masson, *pinus Massoniana* de sir Lambert, décrit par M. Bosc dans la *Nouvelle Encyclopédie méthodique;* par M. Mirbel, dans sa *Géographie des cóniferes*, et par M. Loiseleur Deslongchamps, dans le *Nouveau Duhamel*. Ce pin est à deux feuilles, et a, comme un des deux pins du Népaul, l'aspect d'un pin de Bordeaux, qui serait élégant; mais sa végétation paraît beaucoup plus active.

Ancien Potager.

Cette autre parcelle du premier morceau n'a qu'une étendue pareille à celle de l'ancien verger.

Je n'y ai placé que fort accessoirement et très-tardivement des pins sylvestres d'Écosse et quelques pins du Lord.

Ceux-ci proviennent du petit semis que je fis

---

(1) J'ai donné, page 12 qui précède, quelques détails sur cette belle et précieuse espèce ou variété de laricio.

en octobre 1819, au N°. 4 du bois Garenne. Ils ont été levés en mottes, et transplantés le 29 septembre 1825. D'autres ont été semés à la même époque, en plates-bandes, avec des graines récoltées dans mon voisinage, chez M. le comte de Revilliase. D'autres encore ont été semés à côté des précédens, et avec plus de succès, au printemps 1826, avec les graines récoltées sur de jeunes sujets du bois de Bologne, dans la vue d'arriver à connaître l'âge de maturité de cette belle espèce de pin, comme je l'ai énoncé pages 31 et 32 du *Traité pratique* de leur culture.

Quant aux pins d'Écosse, ils ont été pris dans mes semi , et transplantés au printemps 1825.

Les six massifs qui existent dans cet ancien potager, que je supprimai en 1812, pour y former successivement des pépinières et des arbres dits *de hauts jets*, sont plus ou moins mélangés des espèces que voici :

1°. De peupliers d'Italie qui prospèrent mal, probablement parce que le sol est trop argileux pour eux ;

2°. D'ormes, qui généralement végètent bien ;

3°. De frênes, qui végètent encore mieux ;

4°. Quelques érables-négundo, qui, ne réussissent pas, non plus que quelques hêtres et charmes, que je fis planter tout jeunes, en même temps que les érables, et un seul acacia résulté d'un semis que je fis infructueusement;

5°. Et d'érables – sycomores que, pour la plupart, je fis semer à demeure en 1814. Ils végètent assez inégalement; mais, à l'égard d'un bon nombre, c'est d'une façon fort avantageuse.

Grand Parterre.

Ce n'est toujours qu'une légère parcelle du premier morceau.

Anciennement ce parterre servait d'ornement à l'antique bâtiment qu'on honore encore aujourd'hui du nom de *Château*, et il s'y trouvait de beaux sapins, qui ont été coupés vers 1776.

Depuis, on en avait fait une pâture sèche, que je trouvai fort négligée, et que je fis cesser en 1808, pour rendre ce terrain à sa destination précédente, en le meublant de quelques plantations.

Les massifs de bouleaux et de trembles, ainsi que les jeunes chênes qui se trouvent sur quelques points de ses extrémités, résultent de semis et de repousses naturelles à la suite de la cessation du pâturage. Sous ce rapport, ce grand parterre forme, ainsi qu'une vieille haie de

charmille et une ancienne tonnelle, une annexe de la vente N°. 9 du bois du Parc.

Les massifs de platanes, d'ormes et de peupliers qui s'y trouvent, résultent des plantations que j'en fis faire au printemps 1812.

Les pins qui y sont épars proviennent; savoir, ceux maritimes et d'Écosse, généralement
d'un semis fait par essai, à l'aventure, à la
même époque du printemps 1812. D'autres résultent de semis faits en touffes en mars 1814
et à l'automne 1816.

Les pins du Lord, qui s'y trouvent en fort
petit nombre, proviennent, les uns du semis
que je fis faire le 21 octobre 1819, comme au
N°. 4 du bois Garenne, mais avec moins de
succès; les autres, qui proviennent de ce dernier semis, ont été levés en mottes, et transplantés, comme dans l'ancien potager, à la fin
de septembre 1825.

Quinconce.

C'était aussi anciennement un terrain dont
la destination était d'orner ce qu'on veut bien
encore appeler le *Château d'Harcourt*.

Il s'y trouvait autrefois de fort beaux ormes;
mais en 1802, il était absolument nu et totalement négligé.

Je n'y ai fait exécuter ni semis ni plantations d'essences résineuses. Ce qui s'y trouve maintenant, sont des sycomores qui, pour la plupart, boudent ; des ormes qui, par places, végètent fort bien ; quelques hêtres et quelques peupliers d'Italie. La plantation de ce bon nombre d'arbres fut faite, pour une partie, dès le printemps 1804, et pour les autres, à pareille saison des années 1811, 1812 et 1813.

Cour d'Honneur, Basse-Cour, Petit-Pré.

Je n'ai à parler de ces objets, que pour ne pas laisser de lacune dans la description de ceux dont se compose le premier morceau, car il n'y existe rien en pins ni en autres essences résineuses.

Je me suis borné à placer quelques bouquets de platanes, d'ormes et de peupliers d'Italie dans la cour dite *d'honneur,*

Aussi quelques bouquets en ormes, en frênes et en peupliers, dans le Petit-Pré ;

Également des bouquets d'ormes et de peupliers dans ce qu'on appelle la *basse-cour ;* j'y ai aussi fait placer une double rangée de peupliers, le long de la vieille muraille fortifiée, qui la ceintre dans une moitié de sa circonférence.

Terre dite la Pâture.

Je n'en parle non plus que pour qu'il n'y ait pas de vide dans l'énumération des objets dont se compose le premier morceau ; car celui de ces objets dont je parle présentement est étranger et en dehors de mes améliorations en bois ; mais j'en prendrai occasion de faire une observation fort grave pour le cas de la culture des bois, selon que les terrains auxquels on appliquerait cette culture sont improductifs, ou qu'au contraire ils sont productifs.

La contenance de cette terre est de dix-huit hectares équivalent à vingt - quatre acres du pays, comme à trente - six arpens d'ordonnance, et à cinquante-quatre arpens parisiens.

C'était anciennement une pâture qu'on transforma en terre à labour dans le siècle dernier ; mais nonobstant les progrès de la culture arable dans la contrée, cette terre est restée fort sauvage. Elle est de troisième classe, impropre au froment, et bonne seulement pour ce qu'on appelle les *menus grains*.

Il m'est arrivé d'avoir la pensée de la transformer, à mon tour, en belle futaie de pins ; mais je n'ai pas trouvé que cette idée fût justifiée par la réflexion.

En effet, pour des terrains improductifs tels que des landes et des clairières d'anciens bois, on n'éprouve aucune privation en les cultivant en bois. Il n'y a à leur égard que la dépense de cette culture.

Or, cette dépense qui ne doit être, et qui n'aurait été ici que de tout au plus soixante francs l'hectare, comme je l'ai expliqué dans le *Traité pratique de la culture des pins*, se trouverait, ainsi que ses intérêts simples, remboursée par les produits, dès le terme de dix ou douze ans, à partir de l'époque de la culture; après quoi, on aurait l'important avantage d'entrer en bénéfice.

Mais les choses sont très-différentes lorsqu'il s'agit de terrains productifs.

Par exemple, la médiocre terre dont je parle, se trouvant louée à raison de soixante francs l'hectare, ce serait de cette somme dont je serais privé chaque année si je le transformais en pinière. Or, cette privation annuelle de soixante francs m'empêcherait, pendant long-temps, de rentrer dans ce qui alors constituerait mes avances, et ajournerait à long-temps mon entrée en bénéfice; car ces soixante francs annuels s'élèveraient à quinze cents, au terme de vingt-cinq ans; et en y ajoutant les intérêts simples, gradués de manière à ne porter d'abord que sur soixante francs, puis sur cent vingt, et ainsi de suite d'année en année, on n'aurait pas moins de deux mille cinq cents francs d'avances à cette époque de vingt-cinq ans, et ce ne pourrait être qu'à peine à ce long terme qu'on en obtiendrait toute la rentrée : par conséquent les premiers bénéfices se feraient attendre d'autant plus long-temps, qu'ils ne se trouveraient pas, avant la jouissance définitive, proportionnés avec la somme si élevée des avances; tandis que dans l'autre cas, non-seulement on serait rentré dans ses avances vers dix ou douze ans; mais en outre on aurait, dans l'intervalle de cette époque à celle des vingt-cinq ans, des produits de plusieurs fois les avances.

Cette double circonstance, et la privation qu'on s'imposerait dans ses revenus, établissent une telle différence entre le cas des terrains improductifs, et le cas des terrains qui produisent à leur propriétaire, qu'il me semble qu'autant on doit se déterminer à utiliser ceux-là par des créations de bois résineux, autant on doit hésiter, si même on ne doit pas s'en abstenir pour ceux-ci.

Bois des Remises, ou second Morceau.

Ce deuxième morceau est si distinct du premier, qu'il en est éloigné d'une demi-lieue de
pays, vers un point où je n'ai pas d'autre occasion de me porter.

Ce n'est au surplus qu'un très-petit boqueteau, dont l'étendue n'est que de huit à neuf
hectares, ou d'un peu moins de onze acres locales, comme de dix-sept arpens d'ordonnance
et de vingt-cinq arpens parisiens.

Une moindre partie formait une ancienne
remise, et une plus grande partie résulte d'une
addition qu'on y a faite, il y a environ soixante
ans, dans le triage ou canton appelé *les Voyes*,
d'où lui vient la dénomination de *Remises des
Voyes*.

Je n'ai eu guère que des améliorations ordinaires à y exécuter, parce que c'est un bois généralement bien venant et bien fourré. Je n'ai
eu qu'à m'appliquer à sa bonne conservation, à
cause de son éloignement et du défaut d'occasion d'une surveillance continue ; à compléter
ses clôtures ; empêcher le séjour des eaux dans
une partie faisant bassier ; à la diviser en deux
portions par une allée dirigée du levant au couchant, et ornée de barrières à ses deux bouts,

ainsi qu'à améliorer des parties de chemins qui servent à son débardage.

Il était, avant mon inquisition de 1802, aménagé avec le bois du Parc, dont il formait alors une des douze coupes. J'ai trouvé mieux d'en faire l'objet d'un aménagement particulier, sans pourtant avoir pu le diviser convenablement en plus de deux coupes qui, lors de leur usance, constituent un revenu extraordinaire dans mon modeste domaine.

Je n'ai trouvé à y placer qu'un certain nombre de pins dans la partie en bassier, parce qu'elle avait des vides causés par les vases que les eaux de la campagne y déposaient auparavant que je leur aie donné un passage avec issue.

Ces pins sont de l'espèce sylvestre, dite *d'É-cosse*. Ils ont été pris dans mes semis du premier morceau, et leur transplantation n'a eu lieu qu'au printemps 1824, mais leur végétation est très-satisfaisante.

CHAPITRE III,

Consacré à faire connaître les travaux exécutés dans le troisième morceau, ou le bois de Valleville.

Cette partie de ma création de bois, est à mes yeux fort importante non-seulement parce qu'elle en forme environ la moitié, mais aussi parce qu'elle a été la plus difficile à opérer, tant à cause de son étendue, qu'à raison des obstacles qu'offraient tout-à-la-fois le sol, son exposition solaire, son escarpement en bien des places, et la multiplicité des vides, qui, très-étendus par leur réunion, l'étaient souvent assez peu, en les considérant séparément les uns des autres, pour que j'aie pu toujours, dans les parties planes, employer pour la culture préparatoire, le moyen expéditif de la charrue, lors même que le terrain eût été perméable à son action.

J'en agirai ici comme j'ai fait pour le premier morceau, c'est-à-dire que j'en joins un plan visuel comme de celui ci, afin de faciliter l'intelligence de ce que j'ai à dire des travaux exécutés dans ce troisième morceau, et que, d'un autre côté je parlerai distinctement et successivement des douze massifs dont il se compose.

Je me bornerai à donner plus de détails de mes travaux sur quelques-uns de ces massifs, parce qu'il serait fastidieux d'en donner d'aussi développés sur tous, et qu'en les faisant connaître sur les points où ils ont été les plus multipliés, on se formera aisément une idée de ceux exécutés dans les autres massifs.

C'est, au surplus, comme je l'ai annoncé au chapitre Ier, un ancien et très-maigre bois que j'avais trouvé aménagé à neuf ans, quoique divisé seulement en huit coupes, de manière qu'il n'y avait pas d'usance la neuvième année ; mais j'ai changé cette disposition vicieuse, et j'ai trouvé, à l'expérience, que j'avais sujet de m'applaudir d'avoir étendu cette division à douze massifs.

Son étendue est d'environ cent trente-cinq hectares, correspondant à cent quatre-vingts acres et plus du pays, comme à deux cent soixante-dix arpens d'ordonnance, et à quatre cent cinq arpens parisiens.

Ses nombreux vides pouvaient être des trois cinquièmes de cette étendue.

Il se trouve éloigné d'une petite lieue du premier morceau, et placé sur les deux communes d'Harcourt et de Valleville. Le chemin de Beaumont-le-Roger à Brionne, qui le traverse dans toute sa longueur, forme la séparation du territoire de ces deux communes. A son extrémité nord, ce bois n'est éloigné de Brionne que d'un quart de lieue.

N°. 1er., *ou Vente du Foulrey.*

C'est principalement par cette partie du troisième morceau, qu'il joint immédiatement le quatrième, dont il n'est séparé en cet endroit que par une allée que j'ai fait ouvrir entre ces deux bois, et destinée en outre au débardage de leurs produits.

La *culture préparatoire* avait été faite, pour la plus grande partie des vides, au mois d'avril 1810, par un labourage à la charrue, ces vides se trouvant en grande partie réunis sur un point et y formant une grande clairière. Ce labourage avait alors pour objet, non un semis résineux, mais un semis de graines de bouleau qui y fut fait à l'automne de la même année. Son succès, d'abord très-apparent, s'étant démenti à quelques années de là, et le jeune plant étant de-

venu rampant, outre qu'il avait fondu en bien
des places, je profitai, après une attente de
quinze ans, de la circonstance de l'exploitation
du bois feuillu de cette vente, à l'automne 1825,
pour faire commencer sa restauration sur ce
point, dès le printemps 1826, par de simples
houages, faits en touffes de place à autre, avec
la fourche à dents renversées, au moyen de laquelle les ouvriers déchirèrent seulement le sol
là où les jeunes bouleaux qui venaient d'être
recépés offraient du vide ; puis ils y répandaient
de la graine de pin, qu'ils mélangeaient tant soit
peu avec le sol égratigné, en y repassant la
fourche ; mais cela n'ayant pas été exécuté assez généralement, j'ai prescrit d'augmenter
cette amélioration par des houages à la houe,
sur un diamètre de trois à quatre pieds, pour
y semer encore au printemps 1827.

Quant aux petites clairières où la charrue n'a-
vait pas pu travailler, j'y fis faire, l'hiver 1810
à 1811, un assez grand nombre de défrichemens
en poches, non encore pour y semer du pin,
mais toujours des graines de bouleau.

Ce ne fut qu'au mois de mai 1813, que je fis
répandre plutôt que semer, et laisser à nu sur
le sol, des graines de pin maritime dans tous
ceux des défrichemens en poches où le semis de

bouleau n'avait pas prospéré. Il en est résulté un certain nombre de sujets dont la végétation a été tardive, mais qui deviennent définitivement prospères.

Ainsi, les pins qu'on trouvera dans cette vente, et qui devront être exclusivement de l'espèce maritime, résultent de ce semis de 1813, et de celui seulement ébauché au printemps 1826, tant dans les vides du labourage à la charrue, que dans les anciens petits vides, parce que cette ébauche y a été étendue; et ils résulteront du complément de semis que j'y ferai exécuter au printemps 1827.

Les *éclaircissemens et les élégages* n'ont encore été que très-peu de chose dans cette vente, ce double travail n'y ayant été fait, pour la première fois, qu'au printemps 1826.

Les *sujets d'expérience* y sont au nombre de six, provenant du semis fait en mai 1813.

N°. 2, *ou Vente du Buis.*

Cette vente se trouve divisée en deux parties inégales par le chemin public de Valleville à Beauficel; une de ces parties ayant environ les deux tiers du tout, et l'autre n'en contenant que le tiers.

Les pins qu'on trouve dans la grande partie sont des espèces maritimes et d'Écosse. Ils résultent, 1°. de semis que je fis faire, au mois de mars 1814, de graines de pin d'Écosse, à la pincée, de distance en distance, sur le sol labouré à la charrue trois ans auparavant, pour y semer du bouleau sans succès général, mais sans donner aucune nouvelle préparation au sol ni recouvrir la graine ; 2°. et du semis qu'en mai de la même année, je fis faire à la volée, en graines de pin maritime, sur la même surface et par augmentation au précédent, toujours sans recouvrir les graines, non plus que sur des défrichemens en poches qui avaient été faits dans les petits vides, et où les graines furent laissées à nu comme sur la surface qui avait été labourée.

Quant à la petite partie, les pins sont exclusivement de l'espèce maritime. Ils proviennent du semis que j'y fis faire à la volée, au mois de mars 1815, sur les vides qui avaient été, quatre ans auparavant, labourés à la charrue et semés en graines de bouleau, toujours sans faire donner aucune espèce de nouvelle préparation au sol, et sans recouvrir les graines d'aucune manière.

Les *éclaircissemens et les élagages* n'ont eu lieu jusqu'à présent, dans les deux parties, qu'un peu l'hiver 1823 à 1824 ; mais ces deux travaux y seront exécutés d'une manière plus caractérisée au commencement de 1827, à la suite de l'usance qui va avoir lieu du bois feuillu de cette vente.

Les *sujets d'expérience* y sont au nombre de six ; savoir, trois en pins d'Écosse dans la grande partie, et trois en pins maritimes dans la petite partie.

N°. 3, *ou Vente des Deux-Morceaux.*

La dénomination que j'ai donnée à cette vente lorsqu'en 1812 j'établis l'aménagement actuel du bois de Valleville, lui vient de ce qu'elle est formée de deux morceaux, coupés l'un de l'autre par un grand enhachement du bois dit *de la Vallée-aux-Bœufs,* ayant dépendu du comté de Brionne, qui anciennement était réuni à celui d'Harcourt.

Ces deux morceaux sont d'une grande inégalité ; car l'un n'a guère qu'une étendue superficielle du sixième du tout, au lieu que l'autre en a les cinq sixièmes. Aussi les distingue-t-on par les noms de *grand* et de *petit Morceau.*

La *culture préparatoire* aux semis y a eu lieu principalement à la charrue, et accessoirement par défrichemens à bras d'homme, les uns en pochets, et les autres en longueur de six pieds sur trois de largeur, dans les vides trop peu étendus pour que la charrue y pût travailler.

Dans ce qu'on appelle le *grand Morceau*, le sol est si caillouteux, que le labourage à la charrue n'a pu s'y faire que très-difficilement et très-imparfaitement. Aussi y ai-je inutilement fait semer à plusieurs reprises des graines de bouleau, et les pins, qui y deviennent superbes, ont été plusieurs années sans donner de l'espérance.

Ces pins sont les uns maritimes, et les autres sylvestres ; mais dans ceux-ci il y a un bouquet composé uniquement de la variété dite *de Genève*, avec des graines tirées de cette ville en 1813 par l'obligeante entremise de M. Borel et les soins de M. Thomas.

Dans le petit Morceau, les pins maritimes résultent du semis qui en fut fait, pour les uns, au mois de mai 1813, et pour les autres au mois de mars 1819, mais alors par mélange avec des graines de pin d'Écosse. Et quant aux pins de cette dernière espèce, ils proviennent tant de ce semis mélangé, que d'un autre semis qui en avait été exclusivement fait, le 25 juin 1818.

Dans le grand Morceau, les pins sylvestres de Genève qui se trouvent à son extrémité méridionale, y ont été semés, le 10 avril 1813, à la volée, sur le labourage à la charrue qui avait été fait, l'hiver 1810 à 1811, pour un semis de bouleau, qui là, comme dans tout le reste du grand Morceau, n'a jamais voulu prospérer. Ce semis fut fait sans nouvelle préparation du sol et sans recouvrir la graine.

Après ce bouquet de pins de Genève, et à son nord, se trouve un mélange de pins maritimes et de pins sylvestres d'Écosse, semés ensemble de la même manière et dans un sol si caillouteux, que je suis toujours étonné de leur végétation ; ce semis fut fait seulement au mois d'avril 1817, c'est-à-dire six à sept ans après le labourage à la charrue, qui ne fut cependant retouché pour cela en aucune manière.

Enfin, à la suite de ce second semis, se trouvent exclusivement des pins maritimes qui ont été semés sur des défrichemens à bras d'homme, au mois de mars 1816.

Les *éclaircissemens et les élagages* n'ont encore eu lieu, à l'automne de 1825, que dans le bouquet de pins sylvestres de Genève. J'attendrai l'occasion de l'usance du bois feuillu de cette vente à l'automne 1827, pour y répéter ces deux travaux et pour les étendre à toutes ses autres parties.

Je n'y ai pas encore établi de sujets d'expérience.

N°. 4, *ou Vente de Mare-Verte.*

Les grands vides de cette vente ont été labourés à la charrue, l'hiver 1810 à 1811, pour y semer des graines de bouleau qui n'ont jamais prospéré, quoique répandues à plusieurs reprises. Ce n'a été qu'au mois de mars 1816, par conséquent cinq à six ans après ce labourage, que, sans nouvelle préparation du sol, j'y fis répandre à l'aventure abondamment de la graine de pin maritime. Sur quelques points seulement, ce semis fut répété de la même manière, au printemps 1817, avec un reste de graines maritime et d'Écosse mélangées ; ce qui explique pourquoi on trouve à quelques places du pin sylvestre, car par-tout ailleurs il n'y a que du pin maritime. On pourra trouver aussi des sujets plus jeunes en cette dernière espèce, parce qu'au printemps 1826, on a répandu de la graine dans des places tant soit peu aérées, par touffes, après avoir préalablement égratigné la superficie du sol avec la fourche à dents renversées ; mais à en juger par ce que je vois sur d'autres points, la force végétative des anciens pins rendra probablement ce semis supplémentaire plus ou moins inutile.

Quant aux petits vides, il n'y a été fait que des défrichemens en poches, au printemps 1811, pour y semer sans succès des graines de bouleau. Au mois de mars 1816, j'y fis répandre abondamment de la graine de pin maritime, sans aucunement faire remuer l'emplacement de ces pochets, quoique leur confection remontât à cinq ans, et sans recouvrir la graine, qui resta à nu sur le sol. Le succès de ce semis rustique a été très-lent, mais maintenant il est très-prospère.

Les *éclaircissemens et les élagages* ont été pratiqués l'hiver 1825 à 1826, dans la seule partie des anciens grands vides; mais il devient instant d'y repéter ces deux travaux, tant la végétation a été active immédiatement à la suite du premier éclaircissement.

Les *sujets d'expérience* n'ont pas encore été non plus établis dans cette vente.

N°. 5, *ou Vente du Petit-Hêtre.*

Les semis résineux de cette vente, où ils ont été fort étendus, n'ont été précédés que de défrichemens faits à bras d'homme, les uns, et en plus grand nombre, par emplacemens d'une toise carrée, d'autres par simple houillage de trois à quatre pieds sur un labourage à la charrue, fait, sept à huit ans auparavant, pour y semer du bouleau aussi inutilement que dans les N°s. 3 et 4, et d'autres encore par petits poquets.

Ces semis, presque exclusivement faits en pins maritimes, sont du printemps 1818, dans la partie des défrichemens en houages; et ils sont de l'année d'après, dans les défrichemens d'une toise, ainsi que dans ceux en pochets qui, à cette occasion, furent retouchés.

Ce n'est que sur quelques points qu'il se trouve des pins sylvestres d'Écosse, parce qu'au mois de mars 1814 il en a été répandu de la graine, qui fut laissée à nu sur le milieu d'un certain nombre de défrichemens d'une toise, et qu'au printemps 1824, par un malentendu des ouvriers, ils repassèrent en graines maritime et d'Écosse mélangées un autre certain nombre de ces défrichemens, qui se montraient rebelles, ou peu prospères, au semis de 1819.

Les premiers *éclaircissemens et élagages* n'auront lieu dans cette vente qu'au commencement de 1827, mais sur beaucoup de points. Le premier de ces deux travaux est instant, et il aurait eu lieu plus tôt, si le défaut de temps et la surabondance des produits ne l'avaient pas fait ajourner.

Les *sujets d'expérience* n'ont pas encore été établis dans cette vente.

N°. 6, *ou Vente de Callouel.*

Cette partie du bois de Valleville, s'annonce devoir être particulièrement superbe.

Elle est d'ailleurs, comme les deux précédentes, plus étendue que beaucoup des autres, puisque chacune des trois a une contenance du dixième de tout le bois, quoique n'en formant que le douzième en division.

Elle renferme aussi, mais en petit, deux espèces de pins plus précieuses que celles ordinaires, en même temps qu'on y trouve la preuve de la facilité de leur culture aussi rustiquement que pour celle-ci, en sorte qu'on y trouvera probablement des moyens de multiplier ces espèces d'élite, par les graines qu'on peut espérer de récolter sur les sujets qui y ont été semés.

Cette vente a aussi cela de particulier, qu'en aucune de ses parties il n'y a eu de culture du sol par le moyen de la charrue, tandis que dans toutes les autres, il y en a eu plus ou moins. Par-tout, ce sol a été préparé à bras d'homme et de plusieurs manières, dans le nombre desquelles figurent très-avantageusement les lignes de liaison que, pour la première fois, je fis exécuter là en grande quantité, dans l'année 1819, pour marier entre eux les innombrables défrichemens d'une toise carrée, qui, en 1807 et 1808, y avaient été faits, comme dans la vente N°. 5, pour y planter, sans succès suffisant, du jeune plant de bouleau.

Les pins de cette vente sont le plus souvent des maritimes, dont les graines ont été, en bonne partie, fournies par mes propres sujets semés ailleurs, en 1811, 1812 et 1813. Les plus âgés de ces pins, en cette même vente, proviennent d'un semis que j'y fis faire, à l'aventure, sur plusieurs de ses points, au mois de mai 1813, sans nulle préparation du terrain. Il fut long-temps à se montrer ; mais aujourd'hui les sujets en sont nombreux et généralement très-vigoureux.

Les autres pins maritimes résultent des nombreux semis qui furent faits, un peu en juin et octobre 1819, continués de mars à mai 1820, et terminés seulement en mars 1821, sur le grand nombre d'anciens défrichemens qui avaient été originairement faits, et qui furent retouchés pour ces semis, ainsi que sur les lignes de liaison que je fis former avec un succès tout particulier, préalablement à ces semis, qui ont commencé vers l'allée séparative d'avec le N°. 5,

et qui se sont terminés en 1821, par l'extrémité nord de cette vente.

Les pins qui, après les maritimes, sont en
plus grand nombre, sont des sylvestres d'É-
cosse, parce qu'il en a été mélangé de la graine
avec ces maritimes, dans les nombreux semis
de 1819, de 1820 et de 1821.

Quant aux pins particuliers et d'élite, dont
j'ai annoncé l'existence dans cette vente, ce
sont, 1°. des pins laricios de Calabre, qui y
furent semés à demeure à la mi - juin 1819,
avec des graines que M. Vilmorin s'était procu-
rées dans cette partie du royaume de Naples,
et qu'il introduisait alors en France. Ce semis,
qui fut fait aussi simplement et aussi rustiquement que ceux des autres graines, fut exécuté
sur quarante des anciens défrichemens longeant, mais sur deux lignes, le chemin de Beaumont, à commencer à l'allée séparative d'avec
le N°. 5. — Dans quelques-uns de ces emplacemens, il se trouve mélangé aujourd'hui des
pins maritimes et d'Écosse, parce qu'au printemps 1821, on les repassa avec des graines de
ces deux espèces par l'effet de la crainte qu'ins-
pirait l'exiguité de ces jeunes pins de Calabre,
dans les premiers momens de leur semis et de
leur introduction sur un sol connu dans un cli-

mat si différent de ceux où leurs graines s'é-
taient formées. 2°. De pins sylvestres de Riga,
provenus du don, qu'à l'obligeante entremise
de M. du Châtenet, j'obtins de feu M. Poussou
d'Hollande. Leurs graines ne furent semées que
le 26 juillet de la même années 1819, sur un
point qui tient, vers l'aspect du levant, à l'extrémité nord du semis des laricios de Calabre.

Les *éclaircissemens et les élagages* sont instans à faire dans cette vente, où les beaux semis de 1819 à 1821 réclament un détassement,
qui sera exécuté l'hiver 1826 à 1827, pour être
probablement répété un an après, à cause de
l'excès de végétation qu'éprouveront les sujets
conservés, à la suite de ce travail.

Les *sujets d'expérience*, au nombre de six,
sont en pins maritimes provenus du semis, à
l'aventure, du mois de mai 1813.

N°. 7, *ou Vente de la Longue-Côte et des
Épines.*

La première partie de la dénomination de
cette vente lui vient de ce que, dans presque
sa totalité, elle forme sur un long espace un
coteau qui n'est pourtant escarpé que par places, et qui le plus souvent n'a qu'une décli-
vité modérée, parce que, dans sa largeur, ce
massif ne s'étend que sur la partie haute de la

côte orientale de la vallée où coule la rivière de Rille, mais offrant des inégalités de surface sur plusieurs points. Quant à la seconde partie de cette dénomination, elle provient du nom que recevait son extrémité méridionale, qui, là, descend jusqu'au pied de la côte, et qui, antérieurement à 1812, formait, à elle seule, une petite vente appelée *les Épines*, à cause de la grande quantité qui s'y en trouvait avant que je me fusse attaché à les faire périr, pour y faire mieux prospérer les coudres et autres essences feuillues qui y sont en bonne quantité.

Dans sa composition actuelle, cette vente N°. 7 est formée de portions de quatre autres ventes du précédent aménagement, outre la totalité de ce qui alors composait celle dite *aux Épines*. Ces portions, en commençant par le nord, étaient dans l'ordre suivant : 1°. Callouel de l'ancien aménagement ; 2°. Petit-Hêtre, *idem;* 3°. Mare-au-Loup ; 4°. Mare-Verte ; après quoi se trouvait l'ancienne vente aux Épines.

Elle est, au surplus, la plus étendue des douze ventes dont se compose le bois de Valleville, puisqu'elle en forme la septième partie en surface, de telle manière que sa contenance est de presque vingt hectares, ou vingt-six acres

locaux, comme près de quarante arpens d'ordonnance, et de soixante arpens parisiens.

Son exposition solaire est fort désavantageuse,
puisque c'est celle du couchant; d'un autre côté,
le sol en est si excessivement maigre, si caillouteux et si tassé, qu'en certaines places où les
vides étaient assez grands et les surfaces assez
planes, ma charrue de fer n'a pas pu l'entamer.

Néanmoins, j'ai sujet de croire aujourd'hui
que ce sera une vente superbe, et de grande
importance par la beauté et la quantité d'arbres qui la meubleront. Je n'ai pas osé croire
originairement à ce résultat satisfaisant, et
cette opinion avait été prise en considération
dans sa composition, afin de compenser, par son
étendue, ce que je m'attendais à trouver de
moins en végétation sous le double rapport du
nombre des arbres et de leur dimension ; mais
j'ai appris itérativement à cette occasion, qu'a-
vec de la patience, de l'attente et de la persévérance dans le travail, on peut arriver à bien,
lorsqu'on n'a à vaincre que des obstacles tem-
poraires ; car ici, je n'avais à lutter que contre
la nudité du sol, sa mauvaise exposition, et la
rudesse du terrain, mais pas contre un banc
de roche. Or, à mesure que j'avançais dans la
culture de ce mauvais sol, sa nudité diminuait,

et à l'aide de peu d'années, je ne tarderai
pas à la faire disparaître sur tous les points,
comme cela est déjà arrivé sur plusieurs; car,
quand on est parvenu à procurer au sol sec l'a-
vantage de son propre ombrage, le succès de la
végétation n'y est plus douteux.

Toutefois on y éprouvera le désavantage de
l'inégalité dans l'âge des arbres qui sont destinés à en faire la richesse, parce que j'ai été
dans le cas de les y établir sur tous les points,
à des epoques assez éloignées les unes des
autres.

Aussi les travaux que j'y ai fait exécuter, ont-
ils été très-compliqués et très-nombreux. J'en
prends occasion pour la donner tout particulièrement en exemple de ce que j'ai été dans le
cas de faire pour parvenir à la création de richesses dont je fais l'historique. Je vais faire en
sorte d'en simplifier l'énumération.

La *culture préparatoire* au semis peut être
expliquée ainsi :

1°. Dans la partie nord, et qui, dans l'aménagement antérieur à 1812, dépendait de la
vente de Callouel, j'ai fait faire, dès l'année
1809, un bon nombre de défrichemens en poches, vers l'ancien Petit-Hêtre, non alors pour y
semer du pin, mais du bouleau, dont on a ad-

miré la végétation, et qui s'est démentie à quelques années de là.

Au commencement de 1812, j'ai fait former,
vers l'extrémité opposée, de simples houages
du sol, en lignes assez régulières et au nombre
de quinze, dirigées du nord au midi, transversalement à la côte, mais avec des intervalles
laissés en landes.

Et durant une année entière, à partir du
mois de juillet 1820, j'ai fait restaurer les anciens défrichemens en poches de 1809; allon-
ger de beaucoup vers le midi les quinze lignes
de houages de 1812; défoncer légèrement un ancien chemin parallèle à celui de Beaumont, qui
longe toute cette vente à son aspect du levant;
former un défrichement en rayon quasi continu, tout le long de ce chemin; et fait faire
une assez grande quantité de nouveaux défrichemens de place à autre, notamment vers
l'extrémité touchant aux masures du hameau
de Callouel.

2°. Dans la partie faisant suite à la précédente, en s'acheminant vers le midi, et qui dépendait de l'ancienne vente du Petit-Hêtre, la
culture préparatoire a été moins compliquée et
moins multipliée.

En 1807 et 1808, j'y avais fait faire, à deux

écartemens différens, puisque les uns étaient
fort rapprochés, et qu'au contraire les autres
étaient éloignés d'une perche entre eux, des
défrichemens d'une toise carrée, semblables à
ceux des ventes N°s. 5 et 6, où, comme dans
ceux-ci, je fis planter alors, sans presque de
succès, du bouleau aux quatre angles et au milieu. Ce n'a été qu'au printemps 1821, que je
les ai fait restaurer, dans la vue d'y semer du
pin; mais ce fut fort légèrement, car au moment même de ce semis, on se borna à arracher un peu la bruyère qui s'y trouvait, puis
on a déchiré une partie de la surface de ces
anciens défrichemens, en forme de croix, avec
la fourche à dents renversées.

Je fis en outre former, à la fin de la même
année 1821, un défrichement en rayon quasi
continu, tout le long du chemin de Beaumont,
et une seule ligne de houage du sol, le long du
sentier qui règne dans le bas, et qui fait partie
de celui du pourtour de tout le bois.

3°. Dans la partie faisant aussi suite à la précédente, en se dirigeant toujours vers le midi,
et qui dépendait de l'ancienne vente de Mare-
au-Loup, j'ai fait faire, durant l'hiver 1810 à
1811, un labourage à la charrue, non pour y
semer encore du pin, mais seulement du bou-

leau, qui n'a pas prospéré ; ce labourage ne put se faire qu'en trois places isolées les unes des autres, à cause qu'en beaucoup d'autres places, la charrue ne pouvait entamer le sol, et qu'ailleurs il était ou trop inégal, ou trop en pente.

Dans tous ces vides où la charrue n'avait pu passer, je fis faire, aux printemps 1811 et 1812, une grande quantité de défrichemens à bras d'homme, tous à la manière dite *en pochets*.

Neuf à dix ans après, ou à l'automne 1821, et dans l'été 1822, j'ai fait retoucher tous ceux de ces défrichemens où il n'y avait soit rien, soit du bouleau insignifiant, et je fis faire de place à autre des houillages dans les vides qu'offraient quelquefois les trois emplacemens labourés à la charrue, environ onze ans auparavant.

Je fis d'ailleurs former, à la même époque, un défrichement en rayon quasi continu, comme dans les précédentes parties, tout le long du chemin de Beaumont, et une ligne de simple houage le long du sentier de pourtour.

4°. Dans la partie de cette même vente qui avait dépendu de l'ancienne Mare-Verte, et qui, en terminant vers le midi son extrémité en côte, arrive sur le chemin de la Cavée de Valleville, j'ai fait faire sur un point un labourage à la charrue, l'hiver 1810 à 1811, non toujours pour y semer du pin, mais du bouleau.

Dans le surplus des vides de cette partie, je fis faire, en 1811, une grande quantité de défrichemens en poches, et onze ans après, ou dans les six derniers mois 1822, je fis retoucher tous ceux où il ne se montrait soit rien du tout, soit du bouleau insignifiant.

Je fis aussi former alors un défrichement en rayon quasi continu, tout le long du chemin de Beaumont, et une ligne de houage longeant le sentier du pourtour.

5°. Enfin, dans la partie qui formait l'ancienne vente aux Épines, j'ai fait faire, l'hiver 1810 à 1811, là où le sol est fort escarpé, immédiatement au-dessous de l'extrémité méridionale de l'ancienne Mare-Verte, un certain nombre de défrichemens en poches. Et à la fin de 1812, je fis former, pour un essai que je citerai en parlant des semis, seize lignes de simple houage du sol en landes ou clairières, dans la direction du nord au midi, ou intermédiairement entre la descente du sentier de pourtour et le chemin de la Cavée de Valleville.

Quant aux nombreux *semis résineux* exécutés dans cette vente, je vais en parler dans le même ordre que celui de la culture qui les a précédés.

1°. Dans la partie provenant de l'ancienne vente de Callouel, le premier semis y fut fait au mois de mars 1812, avec des graines de pin maritime et de pin d'Écosse mélangées, sur les seules lignes de houage qui venaient d'être formées au nombre de quinze. J'ai remarqué qu'il avait été fort lent à végéter et à prendre de la force ; mais vers dix ans d'âge il a pris la bonne mine qu'on lui voit, et qui augmente chaque année.

En 1813, au printemps, j'ai fait répandre, sans les recouvrir, des graines de pin sylvestre de Genève dans deux à trois cents des défrichemens en poches faits en 1809, vers l'ancien Petit-Hêtre, sans pour cela les retoucher en aucune manière. Ce semis n'a été définitivement prospère que sur soixante-six de ces emplacemens, en sorte que c'est là que l'on trouvera de cette espèce de pin, comme dans le N°. 3 qui précède, et dans le N°. 10 du bois de Beauficel, qui fera l'objet du chapitre suivant. A l'égard de tous les autres de ces anciens défrichemens où il ne se montrait alors rien de satisfaisant du semis de bouleau qui y avait été fait après leur confection, j'y fis répandre de la même manière, de la seule graine de pin maritime.

En juillet, août et octobre 1820, ainsi qu'aux printemps 1821 et 1822, j'ai fait semer successivement en graines de pin maritime et de pin d'Écosse mélangées, tant les anciens défrichemens en poches restaurés alors, que le prolongement des lignes de simple houage; l'ancien chemin défriché; le défrichement en rayon continu longeant le chemin de Beaumont, et tous les nouveaux défrichemens à bras d'homme faits dans les vides épars de l'extrémité nord.

2°. La partie de l'ancien Petit-Hêtre fut semée, pour la première fois, exclusivement en graines de pin maritime, au mois de mai 1813, et seulement sur quelques-uns de ses points, non d'une manière soignée, mais à l'aventure et sans nulle préparation du sol, comme on fit alors dans la vente N°. 6. Ces graines furent ainsi jetées indifféremment sur les défrichemens d'une toise carrée, où, aux automnes 1807 et 1808, j'avais à-peu-près inutilement fait planter du bouleau, et sur leurs intervalles laissés en landes. Il en est résulté, mais lentement et tardivement, de nombreux sujets, qui, à l'époque présente, sont d'une très-belle végétation.

Huit ans après, au printemps 1821, j'ai, dans tous les anciens défrichemens d'une toise où il n'y avait pas de ces pins de 1813 bien marquans, fait semer des graines de pin maritime et d'Écosse mélangées, sans faire retoucher ces emplacemens, autrement qu'en y arrachant un peu et à la main, à l'instant même du semis, la bruyère qui s'y trouvait; remuant un peu avec la fourche à dents renversées une partie de leur surface, en forme de croix; après quoi, on y a répandu les graines, qu'on a ensuite recouvertes avec les débris de mousse, gravier et cailloux provenant du remuage. En général ce semis, qui est lent dans sa croissance, est très-satisfaisant; il y a quelques places où, en 1824, j'ai fait faire un repassage, toujours en graines mélangées, et des intervalles en landes, où les défrichemens étant les plus espacés, on a, au printemps 1826, cherché à utiliser de la vieille graine de pin d'Écosse, en déchirant le sol par touffes avec la fourche à dents renversées, et en y répandant ensuite de cette vieille graine.

Le défrichement en rayon continu longeant le chemin, et la ligne de houage bordant le sentier de pourtour, n'ont été ensemencés en graines maritime et d'Écosse mélangées qu'au printemps 1822.

3°. Dans l'ancienne vente de Mare-au-Loup, c'est aussi au mois de mai 1813 que j'y ai fait faire les premiers semis.

Ils ont eu lieu en seule graine de pin maritime, sur les trois parties labourées à la charrue deux à trois ans auparavant, sans pour cela retoucher au sol en aucune manière. En mai 1818, on y a répandu par erreur et à l'aventure des graines de pareille espèce de pin ; ce qui expliquera pourquoi il se trouve là des sujets de différens âges. D'ailleurs aux printemps 1822 et 1823, ou neuf à dix ans après, on y sema encore, mais des graines d'Écosse et maritime mélangées, sur les houillages faits dans les vides qui se montraient alors dans cette partie, et qui depuis ont assez disparu par l'effet de la végétation des premiers semis, pour donner sujet de croire que les derniers deviendront généralement inutiles.

Quant aux nombreux défrichemens en poches, confectionnés en 1811 et 1812 pour y semer sans succès de la graine de bouleau, on y a répandu à la même époque du mois de mai 1813, sans pour cela les retoucher en aucune manière, généralement de la graine de pin sylvestre d'Écosse ; et quelquefois de la graine de pin maritime, laissées l'une et l'autre à nu sur le sol un peu creux de ces défrichemens. Ces semis ont été tout particulièrement lents à se montrer et à bien végéter ; mais enfin ils ont pris de l'essor, et ils promettent aujourd'hui beaucoup. Un certain nombre de ces défrichemens avaient été retouchés à l'automne 1821 ainsi qu'à l'été suivant, et furent ensemencés de nouveau et successivement aux printemps 1822 et 1823 en graines maritime et d'Écosse mélangées ; ce qui expliquera pourquoi on trouve là des sujets d'âges différens.

A l'égard du défrichement en rayon continu longeant le chemin de Beaumont, et de la ligne de houage bordant le sentier de pourtour, ils ont été semés en graines mélangées, à la mi-mars 1823.

4°. Dans l'ancienne Mare-Verte, la portion labourée à la charrue pour y semer à-peu-près sans succès de la graine de bouleau, fut, sans nouvelle préparation du sol, semée en graines de pin maritime aux mois d'avril et de mai 1813 ; et cinq ans après (en mai 1818) on y a répandu, également à l'aventure, un reste de pareille graine, parce qu'à cette époque le premier semis ne se montrait pas assez tassé de sujets.

Dans les anciens défrichemens en poches, où

on avait encore plus inutilement semé de la graine de bouleau, on répandit à cette époque d'avril et de mai 1813, sans aucunement les retoucher, de la graine de pin sylvestre d'Écosse pour les uns, et de la graine de pin maritime pour les autres. Mais à la mi-mars 1823, ou dix ans après, ce fut par un mélange de ces deux espèces de graines de pins, qu'on réensemença ceux de ces défrichemens qui avaient été dans cette vue retouchés et restaurés dans les six derniers mois de l'année précédente 1822.

Ce fut aussi à la mi-mars 1823 que le défrichement en rayon continu, longeant le chemin de Beaumont, et que la ligne houée le long du sentier de pourtour ont été semés en pareilles graines maritime et d'Écosse mélangées.

5°. Enfin dans l'ancienne vente aux Épines, c'est dès l'année 1811, au mois de mars, que par essai je fis répandre, en la laissant à nu sur leur surface sans nullement la recouvrir ni la mélanger avec de la terre, de la graine de pin maritime sur une centaine de défrichemens en poches. Cette graine a végété fort inégalement, une partie ayant été hâtive et une autre fort tardive ; mais en résultat cette légère partie de mes semis est devenue très-prospère, et il s'y trouve des sujets superbes.

Et au mois d'avril 1813, je fis répandre sous mes yeux sur les seize lignes de simple houage que j'avais fait former dans la direction du nord au midi, vers la hauteur, des graines de pin sylvestre d'Écosse, en leur associant de la graine de bouleau. Celle-ci n'a jamais rien produit, mais les pins, qui ont été excessivement languissans durant le long espace de dix années, sont devenus définitivement fort beaux et très-prospères.

Il y a eu d'ailleurs dans cette vente de la Longue-Côte quelques légères *transplantations de pins*. Elles se sont bornées à des sujets de l'espèce d'Écosse placés au printemps 1825 sur quelques points du défrichement en rayon quasi continu formé tout le long du chemin de Beaumont à Brionne, là où tantôt les égouts de ce chemin, tantôt les broussailles, faisaient obstacle à la prospérité des semis.

Les *éclaircissemens et les élagages* n'ont encore été faits que partiellement dans cette grande vente. Ils ont eu lieu au commencement de 1824 dans le semis de 1811, 1812 et 1813; mais il devient instant de les y répéter, et ils doivent y être exécutés au commencement de 1827, de manière à donner lieu à une grande quantité de produits.

(109)

Les *sujets d'expérience* y sont au nombre de six; savoir, trois de l'espèce maritime et trois de l'espèce sylvestre d'Écosse.

Des maritimes, il y en a un dans l'ancienne vente aux Épines qui provient du semis de 1811, et deux du semis de 1812 dans l'ancienne vente de Callouel.

Des pins d'Écosse, il s'en trouve deux qui proviennent aussi de ce semis de 1812, et l'autre est du semis fait en 1813 dans l'ancienne Mare-Verte.

N°. 8, *ou Vente de la Marette.*

C'est un massif qui a été singulièrement rebelle aux améliorations. Celles résineuses que j'y ai fait exécuter après en avoir opéré beaucoup en bouleau avec un succès qui a été séduisant durant plusieurs années, mais qui se dément annuellement, ont été fort nombreuses et aussi répétées que celles de bouleau; elles ne se montrent satisfaisantes, du moins sur beaucoup de points, que depuis deux à trois ans; jusque-là il n'y en a eu que des portions qui ont été prospères dès leur début et qui ne se sont pas démenties; mais, dans l'angle nord, les semis résineux restent languissans et sont bien en arrière des autres, quoique faits en même temps et avec les mêmes soins.

Les pins maritimes qui se trouvent dans cette vente résultent, 1". de semis que je fis faire, au printemps 1815, dans des défrichemens en poches doubles, confectionnés cinq à six ans auparavant pour y semer du bouleau, et où la graine de pin fut répandue sans être recouverte ni les défrichemens restaurés, ainsi qu'à la volée et à l'aventure, sur le labourage fait à la charrue, aussi cinq à six ans auparavant, dans les grands vides de la partie au nord du sentier qui traverse cette vente, et qui la divise en deux portions; 2°. du semis que je fis répéter, mais par mélange avec du pin sylvestre d'Écosse, sur cette partie de labourage, au printemps 1817, toujours sans nouvelle préparation du sol; 3°. d'un troisième semis qu'au mois de mai 1818, je fis encore faire à l'aventure sur la même surface labourée; 4°. du semis qu'en mars 1816 j'avais fait faire sur de nouveaux défrichemens à bras d'homme, faits comme les premiers, et en augmentation à eux dans les petits, mais nombreux vides de pourtour de cette vente, et différens de ces premiers en ce qu'ils ont été travaillés en longueur de six pieds, sur une largeur de trois pieds; 5°. et du semis que je fis encore faire, au printemps 1822, mais par mélange avec des graines de pin d'Écosse, tant sur

des houillages que, l'automne et l'hiver précédens, j'avais fait former dans les grands vides
labourés autrefois à la charrue, au midi comme
au nord du sentier, que sur de nouveaux défrichemens, qu'en augmentation encore aux
précédens, j'avais fait faire dans les autres vides
où la charrue n'avait pas passé, sur des défrichemens en rayon quasi continu que je fis
former tout au pourtour de cette vente, si rebelle aux améliorations; et finalement sur de
précédens défrichemens, où alors il ne se montrait rien, et qui furent pour cela retouchés.

Quant aux pins sylvestres d'Écosse, ils proviennent du mélange qui fut fait de leurs graines
avec des graines maritimes, dans les semis de
1817 et de 1822.

J'ai, quant aux *éclaircissemens et élagages*,
trouvé, à l'automne 1826, qu'il y avait sujet
d'en faire, pour la première fois, dans cette
vente; mais d'autres travaux plus instans, et la
grande quantité des produits devant résulter
de semblables éclaircissemens et élagages sur
d'autres points, m'ont déterminé à les retar-
der d'une année.

Je n'y ai pas encore établi de sujets d'expérience.

N°. 9, *ou Vente du Carrefour-des-Firats.*

La restauration de cette partie du bois de Valleville est en général récente, sous le rapport des essences résineuses, parce que je m'étais originairement occupé, avec un succès prolongé un certain nombre d'années, de repeupler ces vides, qui étaient fort étendus, avec des essences feuillues; mais cette restauration est si positivement belle, que je me crois autorisé à penser dès-à-présent que cette vente figurera avantageusement dans la composition de ce bois.

En général ce sont des pins maritime et d'Écosse qui s'y trouvent mélangés; mais sur un point ce sont presque exclusivement des pins maritimes, et sur un autre ce sont quelques laricios de Corse, quelques pins sylvestres de parties différentes les unes des autres du parc royal de Boulogne, et des pins maritimes d'une végétation particulièrement belle.

Le point de cette vente où il n'y a guère que des pins maritimes est sa partie en côte, où ils ont été semés, au mois de mai 1813, dans des défrichemens en poches doubles, qui avaient été faits trois et quatre ans auparavant pour y semer du bouleau, et qui ne furent pas retouchés pour cela. Ce semis fut augmenté, au mois de mars 1814, par des graines qui furent placées à la pincée et en touffes dans ceux de ces défrichemens où le semis précédent n'avait encore rien produit, et principalement sur le sol de leurs intervalles restés en landes. Ces semis, maintenant fort beaux, ne garnissant néanmoins pas régulièrement la surface du sol, on a, aux printemps 1823 et 1824, semé en graines maritime et d'Écosse mélangées des défrichemens à bras d'homme, qui furent faits dans les places où il y avait du vide.

D'autres pins maritimes furent semés à l'aventure au mois de mars 1815, sur quelques points de la partie plane de cette vente; ce qui explique pourquoi on y en rencontre quelquefois de plus âgés que ceux qui y dominent.

Quelques pins laricios de Corse existent dans cette vente, le long et à l'extrémité nord de la partie où il y eut un labourage fait à la charrue pour y semer du bouleau. Ils proviennent de cônes qui y furent répandus et laissés sur la surface du sol, au mois de mars 1814.

A la suite de ce petit nombre de laricios, il y a un petit canton où, le 18 mai 1824, je fis semer sur de nouveaux défrichemens à bras, liés entre eux par des lignes, comme au N°. 6 précédent, 1°. des graines de pins sylvestres récoltées sur trois points différens du parc royal

Boulogne; 2°. et des graines extraordinairement grosses de pin maritime du parc de Jambville, dont M. le baron de Maussion m'avait fait le don.

Sur tous les autres points, ce sont des pins maritime et sylvestre d'Écosse, qui y ont été semés successivement aux printemps 1823 et 1824: 1°. dans une grande quantité de défrichemens, les uns restaurés, les autres nouvellement faits, tous avec des lignes de liaison comme au N°. 6, dans la partie de cette vente où il n'a point été fait de labourage à la charrue; 2°. et sur de simples houillages formés dans les endroits de la partie labourée l'hiver 1809 à 1810, pour y semer du bouleau, et où il se trouvait des vides. Ces semis sont souvent particulièrement remarquables par leur belle végétation et l'excessive quantité de sujets qui en sont résultés.

Je n'ai encore fait éclaircir et élaguer que les pins maritimes provenus des semis de 1813, 1814 et 1815, ainsi qu'un peu les pins laricios; mais il n'y aura guère à tarder d'éclaircir et de détasser les semis de 1823.

Les *sujets d'expérience* existant dans cette vente, au nombre de six, sont tous en pins maritimes, et proviennent des semis faits en côte dans les années 1813 et 1814.

N°. 10, *ou Vente de la Fosse-aux-Merisiers.*

La *culture préparatoire* aur semis y a eu lieu par labourage à la charrue, sur une grande partie de sa surface, et par des travaux à bras d'homme, tant là que sur le surplus du terrain dont cette vente se compose.

Ce labourage, qui s'étend à toute sa surface plane, a cela de remarquable pour moi, qu'il a été le premier que j'ai fait exécuter dans des clairières de bois. Ce fut l'hiver 1809 à 1810, non pour y semer encore des graines de pins, mais de bouleau.

Quant aux travaux à bras d'homme, ils ont consisté à faire, notamment dans la partie en côte et le long du chemin de Beaumont, des défrichemens les uns en poches doubles, comme dans la vente précédente, et les autres en longueur de six pieds à plat ou sans pochets; tous en 1809 et en 1810, toujours pour y semer du bouleau; à restaurer, en 1824, à la suite de l'usance du bois feuillu de cette vente, ceux de ces défrichemens où il ne se trouvait rien; à en augmenter le nombre sur les mêmes points, et à faire des houillages de différentes dimensions dans les vides de l'ancien labourage à la charrue, semé en bouleau dont on venait de faire le recépage.

8.

Les *semis résineux* de cette vente y ont été faits en mai 1813, en graines de pin maritime, sur les premiers défrichemens en poches doubles, parce que le semis de bouleau qui y avait eu lieu à la suite de leur confection, n'offrait guère d'espoir. Ils ne furent point pour cela retouchés, et les graines y furent laissées à nu. Ce semis y fut répété, comme dans la vente N°. 9, un an après, en mêmes graines répandues à la pincée, et il fut alors seulement étendu de cette manière aux intervalles restés en landes de ces défrichemens. Ces semis y ont été très-tardifs; ils ne meublent le terrain que par places, mais depuis plusieurs années, les sujets en deviennent très-beaux.

En 1824, mais en haute saison, puisque ce fut du 10 au 15 juillet, et dans la première quinzaine de mars 1825, j'ai successivement fait semer, en graines de pin maritime et de pin sylvestre d'Écosse mélangées, tous les anciens défrichemens restaurés; ceux nouvellement faits en augmentation, et les houillages confectionnés comme je l'ai dit il y a un moment.

Enfin, en 1826, un certain nombre des défrichemens en côte ont été repassés sur un seul point, ou en croix, avec de la graine de pin maritime, et là on a alors répandu souvent de cette graine, qu'on plaçait en touffes dans les intervalles en landes des défrichemens, mais après en avoir déchiré la superficie au seul endroit de ces touffes, avec la fourche à dents renversées.

Les *éclaircissemens et les élagages* n'ont encore été pratiqués qu'une fois dans cette vente. Ce fut au printemps 1826, sur les pins maritimes résultés des premiers semis.

Les *sujets d'expérience* y sont au nombre de six, tous de l'espèce maritime, et provenus des semis de 1813 et 1814.

N°. 11, *ou Vente de la Mare-du-Fil.*

C'est aussi une des ventes où, en 1810, je fis de grands semis de bouleau sur un labourage à la charrue, et successivement dans des défrichemens faits à bras d'homme dans les vides où la charrue n'avait pas pu passer.

Les plus anciens pins qui s'y trouvent sont dans la partie avoisinant le chemin de Beaumont. Ils proviennent du semis que je fis là de graines maritimes, dès le mois de mars 1811, dans les défrichemens faits en pochets l'année précédente, et en y laissant ces graines à nu. Il y en a été ressemé en même espèce, au mois de mars 1815, ou quatre ans après, dans ceux où le premier semis avait manqué.

Dans la partie opposée, ou en côte, il y a été semé, en 1813 et 1814, de semblables graines de pin, précisément de la même manière que dans la partie des ventes N°s. 9 et 10, qui est également en coteau.

Dans toutes les autres parties, les semis résineux ont eu lieu en graines des deux espèces maritime et d'Écosse, mélangées ensemble dans la proportion ordinaire de sept en maritime et d'un en Écosse, sur tous les défrichemens qui venaient d'y être faits, les uns restaurés, les autres en augmentation à ceux originaires, et d'autres en houillages dans les vides de l'ancien labourage à la charrue. Ces semis ont été faits en 1825, mais à différens intervalles depuis les premiers jours de mars jusqu'au 22 juillet, qu'ils furent seulement complétés.

Les *éclaircissemens et les élagages* n'ont encore été faits dans cette vente que dans les semis partiels de 1811 et de 1815.

Les *sujets d'expérience* y sont au nombre de six, tous de l'espèce maritime, et provenant du semis de 1811.

N°. 12 *et dernier, ou Vente de dessus le Moulin et la Vallée.*

Cette portion du bois de Valleville n'excède

guère en surface la douzième partie du tout ;
mais sa superficie est assez bien meublée de
bois feuillu dans la vallée et dans la partie opposée, avoisinant le chemin de Beaumont, pour
que le produit en argent de son usance à l'automne 1824, ou l'hiver suivant, ait été presque
égal au quart du prix total obtenu des douze
ventes.

Néanmoins il y a des parties en côte et au-
dessus, qui ont des vides assez étendus pour que
les travaux de repeuplement que j'y ait fait
exécuter en pins, ne le cèdent pas en importance à ceux de la plupart des autres ventes du
même bois.

On n'y trouvera que du pin de l'espèce maritime, parce que c'est la seule que j'y ai fait semer.

C'est en 1813, 1814 et 1815 qu'ont eu lieu
les premiers semis ; ils furent faits successivement et dans l'ordre suivant, 1°. dans les défrichemens en poches du bas de la côte, confectionnés trois ans auparavant pour y semer
du bouleau : les graines furent laissées à nu
sur le sol, et ces défrichemens ne furent retouchés en aucune façon ; 2°. dans les intervalles
en landes de ces mêmes défrichemens, comme
j'ai dit l'avoir fait la même année dans la partie en côte des trois ventes précédentes ; plus

sur quelques points du labourage fait à la charrue, quatre à cinq ans auparavant, dans les grands vides de la partie plane au-dessus de la côte pour y semer du bouleau, sans pour cela donner aucune nouvelle préparation au terrain; 3°. et dans les défrichemens en poches du haut de la côte, confectionnés cinq ans auparavant, aussi pour y semer du bouleau. Les graines y furent répandues sans les restaurer, et elles y furent laissées à nu.

Les autres semis faits en très-grande quantité dans cette vente, où ils se montrent tous particulièrement prospères, n'ont été faits qu'au printemps 1826, à la suite de l'usance du bois feuillu, sur le grand nombre de défrichemens en houillages de trois à quatre pieds carrés, faits, l'été précédent, dans les vides de l'ancien labourage à la charrue. Au moment du semis, le sol de ces houillages fut remué avec la fourche à dents renversées, puis la graine y fut répandue et mélangée avec la terre, en y repassant la fourche. Il a été aussi alors répandu de la même graine par touffes, de place à autre, sur le sol en landes des vides qui restaient dans la partie en côte, après qu'on eut tant soit peu déchiré l'emplacement de ces touffes avec la même fourche.

Les *éclaircissemens et les élagages* n'ont encore été pratiqués qu'une fois dans cette vente, sur les semis des trois années 1813 à 1815.

Les *sujets d'expérience* y sont au nombre de six, tous de l'espèce maritime, et provenant du semis de ces trois années.

CHAPITRE IV,

Qui a pour objet les Travaux exécutés dans le quatrième morceau ou le bois de Beauficel.

Cette autre partie de ma création de bois entre pour environ un quart dans la totalité de celle-ci.

Le sol où existe ce bois était, en 1802, et de toute ancienneté, une pure lande absolument nue, n'offrant dans sa végétation spontanée que de la bruyère, quelquefois de l'ajonc et plus rarement de la fougère.

C'est donc un bois qui est de ma création dans sa totalité.

Et il a cela de particulier pour moi, que c'est principalement sur un de ses points que j'ai débuté avec un succès fort encourageant dans la culture des pins.

Son étendue n'excède guère quarante hectares, ou presque cinquante-cinq acres du pays, comme quatre-vingts arpens d'ordonnance, ou cent vingt arpens parisiens.

Je l'ai divisé en douze massifs.

Trois d'entre eux ont leur surface en partie escarpée ; mais tout le surplus étant plus ou moins plane, j'ai pu y faire presque toujours travailler ma charrue à défricher.

La création de ce bois ayant été commencée en 1804 avec des essences feuillues, et n'y ayant introduit les pins qu'en 1811, n'ayant même cessé qu'avec l'année 1818 tout semis de bouleau, il en résulte qu'il s'y trouve encore souvent de cette essence de bois feuillu, à la différence des chêne, hêtre, charme, châtaignier, acacia, ébenier, Sainte-Lucie, etc., dont il y reste à peine des vestiges ; mais le bouleau lui-même diminue chaque année par l'effet de la végétation active des pins qui tendent à l'étouffer.

J'en joins ici un plan visuel pour plus d'intelligence de ce que je vais dire des travaux exécutés dans chacune de ses douze parties.

Il tient par un point au bois de Valleville, qui a été l'objet du chapitre précédent.

Et comme il précède celui-ci lorsqu'on s'y achemine en venant d'Harcourt, il en résulte qu'il en est moins éloigné. Sa distance en est à peine de trois quarts de lieue.

N°. 1ᵉʳ., ou *Vente Morinière-de-Chalandray,*

C'est par ce massif qu'au mois de mars 1811 j'ai commencé la culture des pins qui, à leur âge actuel de presque seize ans, y forment une jeune futaie d'un aspect fort avantageux.

Aussi est-il destiné à être plus particulièrement le pivot de mes remarques, de mes observations, de mes expériences, et de l'instruction dont j'ai besoin pour juger, à l'aide du temps, qui agit lentement mais sûrement, jusqu'à quel point sont fondés mes conjectures et mes raisonnemens sur les avantages de la culture des pins.

La *culture préparatoire* aux semis y a été faite presque exclusivement à la charrue, et pour infiniment peu de chose par un travail à bras d'homme.

Le labourage à la charrue fut fait sur moins de la moitié de toute la superficie de cette vente, dès le printemps 1804, pour y semer, et ensuite y planter sans succès, des essences feuillues. Ce labourage y fut répété l'hiver 1810 à 1811, en ménageant, autant qu'il était possible, ce qui restait de ces essences; mais la partie longeant immédiatement à l'aspect du levant la remise de feu M. Hervieu, mon voisin, ne reçut pas ce second labour. D'un autre côté, ce labourage fut alors étendu pour la première fois à l'autre et plus grande moitié de cette vente, restée jusqu'alors en lande.

Quant aux travaux à bras d'homme, ils se sont bornés à faire, l'hiver 1822 à 1823, à la suite du troisième éclaircissement qui y fut fait des pins et du recépage du bois feuillu, un défrichement en rayon continu, tant le long de sa bordure orientale, où la charrue n'avait pas repassé, qu'en quelques endroits longeant le chemin public qui borne cette vente vers le nord, ainsi qu'à faire quelques houillages dans deux petits vides de son intérieur.

Les *semis résineux* y ont été les plus simples et les moins multipliés de tous ceux exécutés sur les autres points de ma culture; car ils se sont bornés 1°. à semer avec le plus grand succès, dans les premiers jours du mois de mars 1811, de la même manière que pour les céréales, des graines de pin maritime sur ce qui, l'hiver précédent, avait été labouré à la charrue pour la première fois, et sur ce qui l'avait été alors pour la seconde fois; 2°. et à répandre, au printemps 1823, des graines de pin maritime et de pin sylvestre d'Écosse, mélangées ensemble, sur les défrichemens en rayons et en houages qui venaient d'être faits à bras d'homme.

Ce dernier semis a bien été recouvert au rateau, parce que la surface du sol remué se trouvait dressée et unie ; mais celui bien autrement important du mois de mars 1811 ne le fut pas, la graine en fut seulement répandue à la volée sur le sol, de manière à la faire tomber dans les cavités des raies du labourage ; seulement et par expérience j'en fis, quelques semaines après, herser trois seuls sillons longitudinalement au labourage ; mais, au mois de septembre suivant, je trouvai que là le semis était moins prospère et moins vigoureux que dans tout le surplus.

Les *éclaircissemens et les élagages* ont été déjà assez multipliés sur ce point de ma culture.

Le premier fut commencé sous mes yeux, pour essai et démonstration, au mois d'octobre 1816 ; il ne fut repris qu'au mois d'avril 1817, et terminé dans l'été suivant. Il s'exécuta de cette manière, que les sujets soumis au détassement étaient presque toujours arrachés à la main ; on élagua en même temps, mais fort légèrement, les seuls plus forts des sujets conservés.

Le second fut fait dès l'année suivante aux mois de juin et de juillet, parce que le premier éclaircissement avait singulièrement activé la végétation des sujets conservés : on s'attacha

alors à ce que ceux qu'on laissait fussent espacés à deux ou trois pieds les uns des autres.
Ceux qu'on supprimait se trouvant déjà trop
forts pour être arrachés à la main comme lors
du premier détassement, il fallut les couper à
rez de terre avec un instrument tranchant; on
a en même temps encore élagué, mais fort mo-
dérément, et plus ou moins, la totalité des
pins conservés.

Le troisième éclaircissement fut exécuté en
même temps que le recépage du bois feuillu de
cette vente, l'hiver 1821 à 1822, dans la vue
d'espacer les sujets à environ quatre pieds les
uns des autres. Ce travail de nouvel éclaircissement fut fait par la coupe entre deux terres,
des pins supprimés, et je le fis précéder de
l'élagage à hauteur convenable de tous ceux
conservés sur pied, parce que je jugeai sur place,
d'après un essai, qu'une telle chose était nécessaire pour la facilité du détassement, pour la
possibilité de circuler, et de sortir le bois, pour
la prospérité et pour la bonne mine des arbres
conservés.

Un quatrième éclaircissement a eu lieu trois
ans après le précédent, c'est-à-dire au commencement de l'année 1825, et il était instant
de le faire. On s'est attaché à espacer les sujets

à environ cinq pieds les uns des autres, de manière qu'il en est resté environ vingt par perche locale, qui contient quatre cent quarante et un pieds superficiels. Ces sujets conservés ont été, à cette occasion, soigneusement débarrassés de leurs branches mortes et des chicots des précédens élagages lorsqu'ils ne se trouvaient pas encore incorporés dans les tiges, comme je l'ai expliqué page 174 du *Traité pratique de la culture des pins.*

La marchandise obtenue de ces divers éclaircissemens et élagages a consisté uniquement en bourrées pour le premier détassement, en fagots et en bourrées pour le second, en cotrets et en bourrées pour le troisième, en chevrons, cotrets et bourrées pour le quatrième.

Mais en revoyant à l'automne 1826 cet intéressant massif, j'ai trouvé qu'il devenait nécessaire d'y renouveler le travail de l'éclaircissement; que les sujets y étaient trop pressés, et qu'ils n'offraient pas à l'œil une apparence de végétation aussi active que sur d'autres points, où les semis ayant été moins prospères, les sujets sont plus aérés. Aussi le grossissement s'y est-il trouvé moins avantageux que sur les autres points, en sorte que j'ai cru nécessaire de renoncer au projet que j'avais eu de mettre un intervalle de quatre ans entre le quatrième et le cinquième éclaircissement. Cependant pour ne rien précipiter, et pour me procurer des moyens de comparaison, qui est si démonstrative, je me suis fixé au parti de subdiviser ce massif en quatre parties, et de faire exécuter dans trois de celles-ci un nouvel éclaircissement à des degrés différens dès l'hiver 1826 à 1827, afin de juger, à l'automne suivant, de l'effet de ce détassement graduel, sur le grossissement et par conséquent sur la végétation des arbres. Ainsi, dans une partie, je fais éclaircir de manière à ne conserver que six à huit sujets par perche ; dans une seconde, on en conservera de huit à dix ; dans une troisième, on ne supprimera que les sujets inférieurs, et, dans la quatrième, on s'abstiendra d'y détasser quant à présent. Par là, je me procurerai quatre moyens de comparaison, et d'éclaircir un point de culture-pratique.

La marchandise à provenir de ces nouveaux détassemens consistera principalement en bois propres à chevrons, accessoirement en bois propres à faire du cotret, et finalement des bourrées avec les houpes.

Les *sujets d'expérience* out été établis, d'abord au seul nombre de six, tous de l'espèce maritime, et provenant du semis de 1811 ; mais en raison des expériences que je me suis proposées par mes quatre subdivisions, j'en ai en outre établi trois dans chacune, afin d'avoir le moyen d'y comparer le grossissement annuel des arbres. Ils sont également en pins maritimes et du même âge que ceux originaires.

N°. 2, *ou Vente de Vocance.*

C'est une des trois ventes du bois de Beauficel, où il y a des parties escarpées. Leur proportion n'est pas moindre de moitié de toute sa surface.

Une chose qui lui est particulière, c'est l'expérience que j'y ai faite de la transplantation du pin maritime avec assez de succès, à l'entrée en sève du printemps, dans un des sols les plus arides et à une exposition solaire des plus défavorables.

C'est d'ailleurs une des ventes de mes bois où il se trouve des mélèzes.

Les semis résineux y ont été précédés d'un labourage unique fait à la charrue, dans la seule partie plane, l'hiver 1810 à 1811, dans la vue du semis de pins qui s'en est ensuivi, et de défrichemens à bras d'homme exécutés principalement en pochets dans la partie en côte, dès l'année 1810, à l'écartement de quatre pieds les uns

des autres. Quelques-uns ont été restaurés l'hiver 1823 à 1824; il y a d'ailleurs été fait à pareille saison de 1814 à 1815, ou dix ans aupa-
vant, un défrichement en rayon continu tout le
long et transversalement à la côte, dont ce
long rayon suit les mouvemens. En 1824, il y
a été fait des houillages aux places où il se montrait du vide, en même temps qu'il fut fait dans
d'autres vides au-dessus, des défrichemens généralement en longueur de six pieds sur trois
de largeur.

Les pins maritimes de cette vente résultent
principalement 1°. du semis qui en fut fait,
comme dans la vente précédente; savoir, en
mars 1811, dans la partie méridionale, et seulement un an après, ou au mois de mars 1812,
sur la partie septentrionale : là il fut encore répandu, à pareille époque 1815, des graines de
pareil pin, parce que le semis de 1812 ne se
montrait pas aussi avantageusement que celui
de l'année précédente; mais ce semis itératif se
fit comme à l'aventure, et sans nouvelle préparation du terrain; 2°. de la transplantation qui
fut faite à l'entrée en sève de cette année 1815,
avec des sujets qu'on prenait dans les semis au-
dessus, dans les défrichemens en pochets de la
côte; il y avait été à-peu-près inutilement ré-

pandu, mais en laissant les graines à nu sur terre, du pin maritime, au mois de mars 1812, à la suite de semis d'orme et de bouleau ; du pin sylvestre d'Écosse, en avril 1813, et du pin maritime encore, au mois de mars 1814 ; l'inutilité presque totale de ces semis réitérés qui, pour le pin maritime, furent étendus sur les intervalles des défrichemens restés en landes, me détermina à l'essai de la transplantation, qui a prospéré en grande partie, quoiqu'elle n'ait pu s'exécuter qu'à racines nues, qu'il ait fallu les ébouter et supprimer le pivot pour replacer les sujets ainsi mutilés, plutôt dans du cailloux que dans la terre.

Accessoirement, les pins maritimes résultent un peu de ces semis infructueusement faits en côte dans les années 1812 et 1814, ainsi que des nouveaux semis qui furent faits en graines mélangées sur les nouveaux défrichemens et houillages de 1823 à 1824.

Quant aux pins d'Écosse qui se trouvent quelquefois dans cette vente, ils proviennent 1°. de graines répandues, en 1813, dans les défrichemens en côte ; 2°. du mélange qui fut fait de graines de cette espèce avec du pin maritime, dans les semis récens de 1824 ; 3°. et pour sept à huit emplacemens qui avoisinent le chemin longeant cette vente à son nord, ils pourront résulter du semis qui y a été fait pour essai, le 8 avril 1824, avec des graines de pin sylvestre récoltées, d'après l'invitation de feu M. d'André, sur des sujets hâtifs du parc royal de Boulogne, âgés seulement de huit ans.

Les mélèzes existant dans cette vente y ont été semés sur le défrichement en rayon continu longeant toute la côte, et en y laissant la graine à nu à la surface du sol sans la recouvrir en aucune manière, au printemps 1815; un bon nombre provenant du détassement que j'en fis faire au mois de février 1826, fut transplanté alors sur divers points de la côte où les semis de pins récens de 1824 n'avaient pas prospéré; mais la force végétative des pins originaires faisant disparaître les vides qui s'y trouvaient, il doit arriver que cette transplantation de mélèzes n'aura pas ou n'aura que bien peu de succès.

Les *éclaircissemens et les élagages* pratiqués dans cette vente, ont été jusqu'à présent ceux-ci,

1°. Dans l'été 1817, on a, pour la première fois détassé, en même temps que dans le massif N°. 1, le semis du mois de mars 1811, et on a un peu élagué les plus forts sujets conservés;

2°. Dès l'année suivante, aux mois de juin et de juillet, j'ai fait répéter ces éclaircissemens ainsi que l'élagage, et ils ont été étendus pour la première fois au semis de 1812 ;

3°. Au commencement de 1823, j'ai fait faire un nouvel éclaircissement comme un nouvel élagage, dans les semis de 1811 et de 1812. Cet élagage s'est étendu alors pour la première fois aux pins transplantés en côte en 1815.

4°. Trois ans après, ou au commencement de 1826, ce double travail d'éclaircissement et d'élagage a été répété dans toutes les parties de la vente, excepté que cette fois et la précédente, on s'est abstenu de toucher à la bordure du semis de 1811, longeant à l'extrémité méridionale les anciennes friches de feu M. Hervieu, tant dans l'objet de me clore, que pour avoir un moyen de comparaison, et de m'expérimenter sur l'abtension de tout éclaircissement et élagage, puisqu'il y a des opinions qui blâment ces deux procédés.

5°. Enfin j'ai fait détasser, pour la première fois, au mois de février 1826, le semis fait en mélèze au printemps 1815.

Les *sujets d'expérience* sont au nombre de six dans cette vente. Tous sont de l'espèce maritime ; mais trois résultent des semis à demeure de 1811 et 1812, et les trois autres font partie des sujets transplantés en 1815.

N°. 3, *ou Vente Mégathe.*

C'est aussi une des trois ventes du bois de Beauficel qui ont des parties escarpées. Dans celle-ci, la proportion de l'escarpement n'est pas moindre des deux tiers de l'étendue du tout.

La partie plane qui est en vallon, et qu'on nomme *les Valots,* provient d'un échange que j'ai fait. Elle était en culture, et par conséquent elle fait exception à l'état de landes où se trouvait le terrain sur lequel j'ai créé le bois de Beauficel ; mais nonobstant cet état de culture, cette légère portion a été tout particulièrement rebelle à ma création, les semis, aussi bien que les plantations que j'y ai successivement fait faire en ormes, en peupliers d'Italie et en saules des bois, ayant péri, probablement parce qu'il y gèle à-peu-près chaque jour de l'année. Je ne suis parvenu à y faire prospérer que des pins sylvestres d'Écosse par la seule voie de la transplantation, et accessoirement du bouleau, aussi par la voie de la transplantation, parce que le semis naturel s'y montrait prospère sur quelques points.

C'est principalement par cette vente, qui est contiguë à celle du Fonlrey, que le bois de

Beauficel joint et touche à celui de Valleville.

Les travaux exécutés sur ses divers points pour arriver à l'état satisfaisant, mais jeune, où elle se trouve maintenant, ont été fort multipliés et très-variés. Je vais en parler avec détail, pour les faire mieux connaître et pour avoir sujet d'être plus bref en parlant des autres massifs.

La *culture préparatoire* aux semis résineux a été celle-ci,

1°. Une légère portion qui est plane au-dessus de la côte, avait été labourée à la charrue dès l'été 1804; et ce travail y fut répété, mais seulement sur un point, l'hiver 1811 à 1812. En outre j'y fis faire, dans les six derniers mois 1818, un assez grand nombre de houillages à bras d'homme, et j'en augmentai le nombre l'hiver 1824 à 1825.

2°. La partie en côte faisant face aux terres à labour et à la vente du Fonlrey, dépendante du bois de Valleville, n'a pu être préparée qu'à bras d'homme; elle l'a été de plusieurs manières et à différentes époques, car, durant l'été 1811, j'y fis faire un grand nombre de défrichemens en poches. Au commencement de 1813, je fis faire, d'un bout à l'autre de la côte, par conséquent sur une longueur de presque un quart de lieue, vers la hauteur, quatre à cinq lignes de simples houages décrits sous le N°. 6, page 66 du *Traité pratique de la culture des pins*, avec des intervalles laissés en landes. En mars 1817, je fis faire au-dessous de ces lignes, et toujours d'un bout à l'autre de la côte, six rangs parallèles les uns aux autres, de défrimens de trois pieds de largeur, plus ou moins allongés, avec des intervalles laissés en landes, tant sur la longueur que sur les côtés, et dans lesquels se mariaient quelquefois ceux en poches de 1811, parce qu'ils se trouvaient dans l'alignement de ces lignes. Enfin, au commencement de 1824, à la suite du recépage du bois feuillu de cette vente, on a commencé la restauration tant des anciens pochets où il ne se trouvait rien, que des parties des défrichemens allongés de mars 1817, qui se trouvaient vides. J'ai aussi fait commencer de nouveaux défrichemens d'un diamètre de trois à quatre pieds, intermédiairement aux précédens, afin de mieux garnir cette partie, parce qu'elle avait à lutter contre le désavantage de son exposition en même temps que contre l'aridité de son sol. Ces travaux ne furent repris qu'au mois de septembre, et terminés vers la fin de l'année 1824.

3°. La partie aussi en côte, mais à l'exposition du nord, et faisant face à la vente N°. 8 ci-après, a reçu également plusieurs préparations, puisque c'est au commencement de 1811, que j'y ai fait faire un grand nombre de défrichemens en poches; qu'à la fin de l'année 1819, on a restauré tous ceux où il ne se trouvait rien, et fait un défrichement en rayon continu le long du chemin qui est au pied de la côte, et qui limite cette vente à l'aspect du nord, qu'enfin l'hiver 1824 à 1825, on en fit en outre un certain nombre de nouveaux ayant un diamètre de trois à quatre pieds.

4°. La partie dite *les Valots* avait bien été labourée à la charrue à la fin de l'année 1810, et ce labourage y avait été répété à l'automne de l'année suivante, pour y semer successivement du bouleau, de l'orme, du frêne et du pin maritime; mais ces semis ayant été sans succès, et les plantations d'ormes et de peupliers que j'y fis succéder en sujets de haut jet, n'ayant pas prospéré, ces deux labourages n'ont été qu'indirectement utiles à la transplantation que j'y ai définitivement fait faire en pins sylvestres d'Écosse et en jeunes plants de bouleau levés dans mes semis.

Les *semis résineux* ont été aussi très-multipliés dans cette vente.

1". Dans la partie plane arrivant sur la barrière et sur la vente N°. 12 ci-après, je fis semer à l'aventure, au mois de mars 1811, de la graine de pin maritime. Un an après, j'y fis répandre, aussi à l'aventure, de la graine de pin sylvestre d'Écosse. En mars 1815, je fis semer sur un simple espace de quelques perches en deçà du semis précédent, de la graine de pin maritime, par touffes, sans aucune espèce de nouvelle préparation du sol. En janvier 1819, je fis semer les houillages faits dans les six derniers mois de l'année précédente, les uns en pins d'Écosse, et les autres en graines de l'espèce maritime. Un certain nombre fut repassé en mêmes graines, mais mélangées ensemble, au mois d'avril 1820. Enfin, les houillages faits par augmentation, l'hiver 1824 à 1825, ont été semés en ces deux mêmes espèces de pins mélangées, au commencement de mars 1825; et plusieurs furent repassés au printemps 1826, mais en seule graine maritime.

2°. Dans la partie en côte faisant face aux terres et à la vente du Fonlrey, le premier semis fut fait au mois de mars 1812, avec seulement quatre livres de graines de pin sylvestre d'Écosse, par conséquent d'une manière fort claire. Ce ne fut pas d'ailleurs spécialement dans les défrichemens en poches qui y avaient été faits l'été précédent, mais à l'aventure sur toute la superficie du sol.

En avril 1813, on sema en seules graines de pin maritime les quatre à cinq lignes de simple houage fait d'un bout de la côte à l'autre. Ce semis fut repassé en mêmes graines, un an après, mais seulement à l'extrémité nord de ces lignes, parce que là le premier semis était plus tardif et se montrait moins abondant que dans le surplus, où il a toujours été très-tassé, quoique lent dans sa croissance, comparativement aux semis faits sur labourage à la charrue.

En avril 1817, je fis semer cinq à six livres de pin sylvestre tiré d'Alsace, sur les six lignes de défrichemens allongés qui venaient d'être formés ; mais ce semis s'étant montré peu prospère, il fut repassé à beaucoup de places avec de la graine de pin sylvestre d'Écosse, dès le printemps de l'année suivante.

Au commencement de 1825, j'ai fait ensemencer en graines de pin maritime et de pin d'Écosse mélangées ensemble, tous les défrimens originaires qui venaient d'être restaurés, ceux allongés également retournés, ainsi que ceux faits en augmentation dans l'année 1824.

Un certain nombre fut repassé au printemps 1826, mais en seule graine maritime. Quelques-uns des défrichemens de l'extrémité méridionale avaient été semés dès le 8 avril 1824, avec deux gros de belle graine de pin sylvestre, récoltée au parc royal de Boulogne, sur des sujets à gros cônes, au midi de la route de la Vierge.

3°. Dans la partie en côte à l'aspect du nord, le premier semis fut fait, au mois de mai 1813, sur les défrichemens en poches, avec de la graine de pin sylvestre d'Écosse.

Au mois de mars 1814, j'en fis répandre de l'espèce maritime dans un bon nombre de ces défrichemens, parce qu'il ne s'y montrait rien, ainsi que sur le sol en landes de leurs intervalles.

Six ans après, ou au printemps 1820, on ensemença en graines maritime et d'Écosse mélangées, les anciens défrichemens retouchés et restaurés à la fin de l'année précédente, ainsi que le défrichement en rayon continu formé au bas de la côte le long du chemin.

Et cinq ans plus tard, ou au commencement de mars 1825, je fis ensemencer en pareilles graines aussi mélangées tant les anciens défrichemens encore retouchés et restaurés, que ceux faits en augmentation, l'hiver précédent. Plusieurs même ont été repassés en seules graines maritimes, au printemps 1826.

4°. Je ne parlerai pas du semis fait en mars 1811, dans la partie dite *les Valots*, en graines maritimes, parce qu'il n'a eu aucun succès, et qu'il n'en devait pas avoir, à cause que cette localité est trop sujette à la gelée ; mais je citerai un petit semis d'essai que j'y fis en octobre 1819, vers son extrémité nord, en graines de pin du Lord récoltées dans mon voisinage, chez M. le comte de Revilliase, quoique ayant eu bien moins de succès que celui fait à la même époque, au N°. 4 du bois Garenne, et j'ajouterai qu'en septembre 1825, je fis transplanter au même endroit un sapin argenté pris dans la vente Harel dont je vais parler.

La *transplantation* de pins est assez marquante dans cette vente, et ce n'est que par ce moyen que je suis parvenu à garnir d'une manière satisfaisante toute la surface de cette partie basse dite *les Valots*; car le bouleau qui s'y trouve n'est là que fort accessoirement.

En effet, ayant, au printemps 1818, essayé la transplantation d'une seule douzaine de pins sylvestres, en même temps que je le faisais au N°. 7 du bois du Parc, par imitation de ce que

M. de Buffon avait fait dans ses bas-fonds appelés *Combes*, en Bourgogne ; et cet essai m'ayant parfaitement réussi, je fis augmenter cette transplantation de cinquante sujets, dès le printemps 1819; d'une centaine à pareille époque 1820, et d'environ cinq cents au printemps 1824, parce qu'alors je fis arracher, à peu d'exceptions près, ce qui restait d'insignifiant dans les plantations d'ormes et de peupliers faites en 1812, 1813 et 1814.

Quelques autres pins sylvestres d'Écosse, comme les précédens, ont été transplantés au printemps 1825, à quelques places où il y avait du vide, dans les défrichemens en rayon au bas de la côte, le long du chemin qui limite cette vente au nord.

Les *éclaircissemens et élagages* ont été pratiqués, pour la première fois, dans les quatre à cinq longues lignes d'avril 1813, à l'automne 1823, ou dix à onze ans après le semis, et ils y ont été répétés dès le mois de septembre 1825, ou deux ans après; mais j'en ai fait excepter, par motif d'expérience, comme dans la vente N°. 2, et d'une façon plus rigoureuse, en ce qu'on n'y a nullement touché, une légère portion de chacun des deux côtés du sentier transversal qui fait face à l'allée séparative des ventes N°s. 4 et 7 d'avec celles numérotées 5 et 6.

Ce second éclaircissement, ainsi que l'élagage, ont été étendus aux pins semés en coteaux, tant au-dessous de ces lignes, qu'à l'aspect du nord, en 1812, 1813, 1814 et 1817. Ceux des trois premières de ces années avaient même été un peu élagués au printemps 1818, et davantage dans l'été 1823.

A cette époque d'été 1823, on procéda au détassement des légères portions semées en terrain plane vers la barrière et la vente N°. 12, dès 1811, 1812 et 1815.

Les belles touffes de pins semées, notamment en janvier 1819, dans le surplus de la partie plane au-dessus de la côte, ont été détassées, les unes au printemps 1824, et les autres un an après.

Et à l'automne de cette année 1824, on élagua les pins transplantés dans la partie basse dite *les Valots*, en 1818, 1819 et 1820.

Les *sujets d'expérience* sont, dans cette vente, au nombre de six, dont trois de l'espèce sylvestre d'Écosse, et trois de l'espèce maritime.

N°. 4, *ou Vente Harel.*

C'est le plus petit des douze massifs dont se compose le bois de Beauficel.

Mais il est intéressant par les sujets d'espèces résineuses plus ou moins précieuses qui s'y trouvent placés, et qui pourront servir à les multiplier, et par conséquent à en enrichir toutes les parties de ma propriété où il serait utile de substituer de nouvelles espèces aux pins maritime et sylvestre d'Écosse, dont se compose à-peu-près exclusivement ma création de bois résineux, lorsqu'ils arriveront au terme de toute leur croissance, parce que, d'après les principes de l'assolement, il peut être avantageux de faire succéder une espèce à une autre dans la culture des bois comme dans la culture arable, quoiqu'à un moindre degré, et que cet avantage peut être encore augmenté par la supériorité des espèces succédantes sur celles originaires.

Les pins maritimes qu'on trouve dans cette vente consistent 1°. dans un petit bouquet qu'au printemps 1809 feu mon garde, Binot père, sema, de la façon la plus simple et la plus rustique, avec des graines qu'il avait obtenues chez M. de Ribard, à sa terre du bois David; 2°. dans un massif couvrant environ la moitié de toute la surface de la vente, et provenant du semis que j'y fis faire, au mois de mai 1813, sur un labourage à la charrue fait, dix-huit mois auparavant,

dans l'objet d'y semer de la graine de bouleau (1) sans rafraîchir en rien ce labour ; 3°. et
dans quelques sujets épars qui se trouvent accidentellement sur les autres points.

Les pins sylvestres de cette même vente résultent 1°. d'un petit semis d'essai qui fut fait
sur labourage à la charrue au mois de mars
1811, presque à côté du petit semis maritime
de 1809, avec des graines de chez M. Vilmorin ;
2°. d'un autre semis d'essai qui fut fait sur le
sommier de ce labourage, au mois d'octobre
1812, avec de vieilles graines réputées être de
Riga ; 3°. et d'un semis fait en graines de pin
d'Haguenau au mois de juillet 1825, ainsi
qu'au printemps suivant, dans les vides qu'offrait alors le bouleau semé à l'automne 1813 sur
environ la seconde moitié de cette vente, et
qui venait d'être recépé.

Il existe aussi dans cette vente des mélèzes,
que j'y ai fait semer par essai au mois de mars
1811 sur labourage à la charrue, également
à côté du bouquet de pins maritimes du prin-

---

(1) C'est là et à cette occasion que j'ai éprouvé que,
dans mon sol, comme je l'ai observé page 73 du *Traité
de la culture des pins*, il était nécessaire de mettre un
intervalle entre la préparation du terrain et son semis.

temps 1809. Ce semis offre quelques beaux sujets, mais dont la grosseur n'est pas encore
comparable à celle des pins. Ayant prescrit seulement, pour le commencement de l'année 1827,
le détassement de ce semis, on en pourra trouver quelques sujets dans les vides du semis de
bouleau, parce qu'on les aurait reconnus susceptibles d'être transplantés.

On trouvera encore sur ce point du bois de
Beauficel des épicéas que j'y fis semer, toujours
par essai, au mois de mars 1811, à côté des
mélèzes. Les sujets en ont été excessivement
lents à végéter, et ils n'offrent de l'espérance
que depuis le recépage fait l'hiver 1824 à 1825
du bouleau avec lequel ils furent semés.

Il fut semé aussi à côté, et en même temps,
de la graine de sapin de pays ou sapin argenté;
mais le peu de sujets qui en sont résultés dépé-
rissent si annuellement, que je ne me flatte pas
qu'il s'en conserve des traces.

Les autres espèces résineuses qu'on pourra
trouver dans cette même vente, et qui ont plus
ou moins besoin d'années pour juger de leur
prospérité, sont concentrées dans son extrémité nord, intermédiairement entre le grand
massif de pins maritimes et l'allée séparative
d'avec la vente N°. 7 ci-après, sur une largeur

de trois perches locales longeant l'allée séparative d'avec la vente Mégathe.

Elles consistent dans 1°. des pins du Lord ; 2°. des pins laricios de Corse, de Calabre, d'Amérique et de Caramanie ; 3°. d'un pin des Abruzzes ; 4°. du pin sylvestre hâtif du parc royal de Boulogne ; 5°. et du pin de New-Jersey ou pin mitis. Le semis des graines de ces diverses espèces n'a été fait qu'à l'automne 1825 et au printemps 1826.

On trouvera encore sur ce point de la vente Harel, pour y avoir été transplantés, les uns au printemps 1826, et les autres seulement à l'automne suivant, 1°. du pin pinier, qui, par erreur, me fut donné pour du laricio de variété particulière ; 2°. des pins laricios de Calabre, provenant du semis fait à la mi-juin 1819 dans la vente N°. 10 ci-après ; 3°. des pins laricios de Caramanie, que je dois à l'obligeance de M. Cels, et qui lui provenaient des graines récoltées au commencement de 1825 sur le sujet unique qui lui reste de ceux produits par les graines rapportées à son père par M. Olivier de l'Institut, à son retour du voyage qu'il fit au Levant ; 4°. un des deux pins laricios de Crimée, dont j'ai été gratifié au Jardin du Roi, et que j'ai cité page 12 *suprà* ; 5°. finalement trois pins du Népaul, auxquels on attribue de si grandes dimensions, qu'on parle de deux cents, trois cents et même quatre cents pieds de hauteur. Cette espèce est celle à trois feuilles, car il y a dans quelques pépinières et dans quelques jardins d'amateurs une autre espèce qui est à deux feuilles, dont j'ai peut-être placé un sujet dans l'ancien verger dépendant du premier morceau; car le pin *massoniana* dont on lui donne le nom, et ce pin du Népaul ont le même aspect. Selon la *Géographie des cóniféres*, publiée par M. Mirbel, qui en parle comme de deux espèces, celle *nepalensis* à deux feuilles serait le *pinus excelsa* de Don, et le *nepalensis* à trois feuilles serait le *pinus longifolia* de sir Lambert. J'ajouterai, à cette occasion, que cette dernière espèce, celle dite *pinus canariensis*, et le pin austral de M. Michaux, mais auquel, comme il l'observe, on donne souvent et si mal à propos la dénomination de *palustris*, ont toutes trois, pour l'œil d'un cultivateur, tant de ressemblance, qu'on pourrait croire qu'elles ne constituent qu'une seule et même espèce.

Les *éclaircissemens et les élagages* ont été exécutés dans cette vente, sur la partie semée en pins maritimes, au mois de mai 1813; savoir, une première fois l'hiver 1820 à 1821, ou à sept ou huit ans de semis, et une seconde fois quatre ans après.

Quant aux *sujets d'expérience*, ils y sont au nombre de six, tous de l'espèce maritime, et provenant de ce semis de mai 1813.

N°. 5, *ou Vente de la Mare-des-Bois.*

Cette partie a été, comme la vente précédente, originairement créée mi-partie en pins, et mi-partie en bouleau.

La portion en pins a été semée en graines de l'espèce maritime, au mois de mai 1813, sur le labourage exécuté dès l'hiver 1811 à 1812, et sur lequel il avait été presque immédiatement, mais inutilement, semé de la graine de bouleau.

A la suite du recépage qui venait d'être fait du bouleau de l'autre portion, où un semis itératif avait été fait avec succès au mois de novembre 1812, j'ai fait répandre par touffes, au printemps 1826, de la graine de pin sylvestre d'Haguenau, dans les intervalles ou les vides qu'offrait le bouleau, qui reste généralement maigre. Ce semis en touffes n'a consisté qu'à déchirer la terre par places avec la fourche à dents renversées, après quoi on y a semé la graine, qu'on a tant soit peu mélangée avec la terre ainsi égratignée, en y repassant la même fourche.

Les *éclaircissemens et les élagages* ont été

pratiqués trois fois dans cette vente ; savoir, une première fois au mois d'octobre 1820, ou à sept ou huit ans de semis ; une seconde fois l'hiver 1823 à 1824, et la troisième fois dès deux ans après.

Les *sujets d'expérience* y sont au nombre de six, tous de l'espèce maritime provenant du semis de 1813.

N°. 6, *ou Vente Caroline.*

C'est principalement dans cette vente que j'éprouvai un procédé décourageant, analogue à celui que j'ai cité au N°. 2 du bois du Parc, et qui tous deux sont rapportés page 107 de la première édition de mon *Mémoire sur la culture des pins,* en ce que, la nuit du 29 au 30 août 1807, on arracha et on laissa sur place la plus grande partie du plant de bouleau que j'avais fait planter sur toute la surface de cette vente l'hiver 1805 à 1806, après y avoir inutilement planté de l'acacia et de l'ébenier : en sorte que l'état de prospérité où elle est aujourd'hui, peut se considérer comme une preuve de la nécessité d'avoir l'esprit persévérant, et cette force morale qui nous élève au-dessus des procédés décourageans qu'on essuie, lors même qu'on s'adonne à des travaux utiles à la société en même temps qu'à soi.

Cette partie du bois de Beauficel se trouve, dans presque toute son étendue, garnie abondamment de pins maritimes et de pins d'Écosse. Sur quelques points il reste du bouleau provenant de la plantation faite l'hiver 1805 à 1806, là où le délit d'août 1807 a moins porté; mais, s'y trouvant du vide, on y a répandu de la même façon que dans le N°. 5 qui précède, aussi au printemps 1826, de la graine de pin maritime, à la suite d'un nouveau recépage qui venait d'être fait de ce bouleau.

Les pins maritimes qui existent aujourd'hui dans cette vente, autres que ceux naissans, dont je viens de parler, proviennent, 1°. d'un semis qui y fut fait à l'aventure sur plusieurs de ses points, au mois de mars 1814; 2°. et d'un autre semis qui fut fait, mais par mélange, avec de la graine de pin sylvestre d'Écosse, au printemps 1817, sur un grand nombre de défrichemens allongés que je fis faire à bras d'homme, l'hiver précédent, à la suite d'un recépage que je venais de faire faire du bouleau, parce que ce recépage caractérisait davantage la grande quantité de vides qu'il laissait aux places où il en restait.

Quant aux pins sylvestres d'Écosse, ceux qui sont vers l'extrémité nord, proviennent du semis qui en fut fait dans cette partie, au printemps 1812, sur un labourage à la charrue, exécuté là pour la seconde fois, l'hiver d'auparavant; le premier qui avait eu lieu dès l'année 1804, ayant eu alors pour objet les plantations qui y furent faites successivement et sans succès en plants d'acacias, d'ébeniers et de bouleaux. Pour les autres pins d'Écosse qui se trouvent dans les autres parties de cette vente, ils proviennent généralement du semis qui en fut fait par mélange avec de la graine de pin maritime, comme je l'ai dit il y a un moment, au printemps 1817, et un peu, du repassage qui se fit de ce semis en seules graines d'Écosse, un an après, non en laissant la graine à nu, comme cela avait eu lieu dans les premiers semis, mais en la recouvrant au râteau.

Il pourra se trouver dans cette vente, vers son aspect nord, quelques épicéas, parce qu'au moment présent seulement il commence à s'en montrer. Ils proviennent du semis qui en fut fait à l'aventure, en même temps que dans la vente N°. 7 ci-après, au mois d'avril 1813.

Les *éclaircissemens et élagages* n'y ont guère encore eu lieu qu'une seule fois d'une manière générale. Ce fut l'hiver 1825 à 1826 que se firent le détassement et l'élagage de tous les pins semés dans les quatre années 1812, 1814, 1817 et 1818; ceux sylvestres d'Écosse de la première de ces années avaient été précédemment émondés en 1818 ainsi qu'en 1823; mais il faudra évidemment répéter ce double travail dans toute la vente, dès l'automne 1827.

Les *sujets d'expérience* y sont au nombre de six; savoir, trois en pins sylvestres d'Écosse, provenus du semis de 1812, et trois en pins maritimes, résultés du semis de 1814.

N°. 7, *ou Vente Bosquier.*

Les travaux y ont été plus multipliés que dans les deux ventes précédentes, et au moment actuel il faut même revenir sur un point qui, originairement avait été planté en bouleau, mais qui dépérit chaque année, et tellement, qu'il en résultait un vide faisant contraste avec tout le surplus de cette vente, qui est généralement fort belle.

Les pins qui s'y trouvent, sont des deux seules espèces maritime et d'Écosse.

Ceux maritimes proviennent, 1°. du semis que, dès le mois de mars 1811, je fis faire par essai à l'aventure sur un seul point vers l'extrémité nord; 2°. de pareils semis que je fis faire successivement et sur des points différens, au mois de mars des années 1814 et 1815; 3°. et de semis assez étendus qui furent faits, dès le mois de janvier de l'année 1819, sur un grand nombre de défrichemens à bras d'homme, pour la plupart en carrés de trois à quatre pieds, et pour une moindre partie en longueur dans la direction des lignes, où, originairement, il avait été planté du bouleau qui, dès-lors, annonçait peu de durée.

Ils proviendront encore du semis qu'au printemps 1826, à la suite du recépage qui venait d'avoir lieu du bois feuillu de cette vente, on fit, dans la partie quasi nue faisant contraste avec le reste, de cette manière qu'avec la fourche à dents renversées on remuait le sol de place à autre, puis on y répandait la graine, et on y repassait ensuite la fourche pour la mélanger tant soit peu avec la terre. Depuis, on a fait sur ce point, une grande quantité de houillages à bras d'homme, de trois à quatre pieds carrés, pour y faire, la saison prochaine, un semis plus soigné; mais quoique je projette de le faire exécuter, je suis persuadé que les semis en touffes du printemps 1826 suffiraient seuls pour meubler cette partie, parce que nonobstant que la sécheresse hâtive et prolongée de cette année – là ait occasionné souvent la fonte des premières graines levées, et que les oiseaux y ayant causé beaucoup de dégâts; néanmoins à l'automne, et à la suite des pluies du commencement de septembre, ces semis se montraient assez prospères pour me persuader que ceux du printemps prochain seront superflus.

A l'égard des pins sylvestres d'Écosse, qui sont aussi fort nombreux et fort beaux dans cette vente, ils résultent 1°. et principalement du semis qui en fut fait, au printemps 1812, et un peu au mois d'avril de l'année suivante, par mélange avec d'autres graines résineuses, sur un labourage qui, comme dans la vente N°. 6, fut fait dans la partie au levant, l'hiver 1811 à 1812, par répétition de celui qui avait eu lieu dès 1804; 2°. et accessoirement des graines qu'ordinairement seules, mais quelquefois mélangées avec du pin maritime, je fis semer au mois de janvier 1819, et repasser sur quelques points au printemps 1820, sur ceux des défrichemens en houillages confectionnés dans les six derniers mois 1818, qui se trouvaient sur des points où l'herbe et non la bruyère abondait; car là où c'était la bruyère ce fut du pin maritime qui fut semé.

Il existe d'ailleurs dans cette vente quelques épicéas, et même quelques mélèzes, la plupart insignifians, d'autant plus qu'ils sont dominés par les pins. Ils ne se montrent d'ailleurs que depuis peu d'années, quoiqu'ils aient été semés au mois d'avril 1813, mélangés ensemble, avec du sapin argenté et des graines de pin d'Écosse.

Les *éclaircissemens et les élagages* ont été ceux-ci :

En août 1818, on fit un premier et très-léger élagage des pins sylvestres de 1812.

Dans l'été 1823, on fit un élagage plus général, et en même temps on fit un premier détassement.

Ce double travail fut répété deux à trois ans après, ou l'hiver 1825 à 1826, dans tous les semis faits de 1811 à 1815.

Et alors seulement on détassa les belles touffes de pins semées en janvier 1819.

Les *sujets d'expérience* sont aussi au nombre de six dans cette vente. Il y en a trois en pins sylvestres et trois en pins maritimes.

N°. 8, *ou Vente Binot fils.*

C'est une des trois ventes du bois de Beauficel où il y a des parties escarpées.

Elle joint, par un léger point, le bois de Valleville, dont elle n'est séparée que par un bout d'allée qui en forme la division.

C'est dans cette vente et dans les quatre suivantes, qu'à l'automne 1806, je fis semer avec un grand succès, mais qui ne dura qu'une année, des châtaignes mélangées de graines de bouleau dans la proportion d'un quart.

J'y ai transplanté, dans la partie en vallon joignant le bois de Valleville, quelques chênes d'Amérique, de l'espèce appelée *quercitron* ou *tinctoriale*, élevés au parc royal de Boulogne, sous la futaie d'Auteuil, avec des glands procurés par M. Michaux, et dont les plants me furent envoyés par feu M. d'André, intendant des domaines et bois du Roi.

Il y a eu en outre, sur ce point, de légères transplantations de pin d'Écosse, de pins laricios de Calabre, et de pin du Lord.

Les travaux ont été au surplus très-multipliés dans cette vente, et j'ai eu besoin de les répéter pour parvenir à l'état satisfaisant où elle se trouve à présent.

Les nombreux pins qui s'y trouvent sont, à cela près de quelques laricios et pins du Lord, exclusivement des deux espèces maritime et d'Écosse.

Ceux maritimes dominent de beaucoup et sont de plusieurs âges. Ils résultent, 1°. d'un semis qui fut fait, en mai 1813, à l'aventure et sans nouvelle préparation du terrain, sur toute la partie plane, dans les vides causés par

la fonte et le dépérissement des châtaigniers semés à l'automne 1806 ; 2°. de semis faits en bien
des endroits de la même surface, et par augmentation au premier, cinq ans après, ou au
printemps 1818, sur une grande quantité de
défrichemens et houillages que j'y avais fait
faire, parce que ce premier semis ne se montrait
pas abondant. J'en fis même repasser plusieurs
points en graines maritime et d'Écosse mélangées, durant les trois printemps suivans ; 3°. de
semis qui furent faits successivement et sur des
emplacemens différens, au printemps 1818 et
1820, sur toute la ligne cintrée qui termine
cette vente, le long et dans le haut de la Vallée-
aux-Bœufs. Celui de 1820 fut mélangé avec de la
graine de pin d'Écosse ; 4°. et d'un grand nombre de semis qui furent faits, quelquefois avec
mélange de pin d'Écosse sur la partie en coteau,
faisant face à la vente N°. 3, et retour sur la
Vallée-aux-Bœufs, en mai 1813, en mars 1814,
ainsi qu'aux printemps des trois années 1817 à
1819.

Quant aux pins d'Écosse, ils ne sont nombreux que sur ce dernier coteau, qui a été bien
long-temps à se garnir. Ils y ont été semés seuls
et sans mélange au mois de mars 1812, et il y
en fut encore semé, mais mélangé avec du pin

maritime au printemps 1817. Sur les autres points de la vente, et ailleurs qu'aux deux petits endroits transplantés, les pins sylvestres ont été semés avec des graines de pin maritime, comme je le disais il y a un moment.

Ce ne sont que quelques sujets en pins du Lord et en pins laricios de Corse, qui se trouvent sur la ligne cintrant le haut de la Vallée-aux-Bœufs. Ils y furent semés en cônes au mois de mars 1816.

Quelques laricios de Calabre et pins du Lord ont été transplantés, à l'automne 1825, avec des pins sylvestres, à l'extrémité du bout d'allée séparative des deux bois de Beauficel et de Valleville. Les premiers proviennent du semis fait, en juin 1819, dans la vente N°. 10 ci-après, et les pins du Lord ont été pris dans le petit semis d'essai fait en octobre même année, dans la partie de la vente N°. 3 *suprà,* qu'on nomme *les Valots.*

Les *éclaircissemens et les élagages* n'ont encore été exécutés qu'une fois et fort légèrement dans cette vente, l'hiver 1823 à 1824; mais ils vont y être répétés au commencement de 1827, à la suite de la coupe qui va être faite du bois feuillu qui s'y trouve, pour la plus grande prospérité des pins.

Les *sujets d'expérience* y sont au nombre de six, dont trois en pins d'Écosse, qui doivent résulter du semis de mars 1812, et trois en maritimes, qui doivent provenir du semis à l'aventure fait en mai 1813.

N°. 9, *ou Vente Binot père.*

C'est le plus étendu des douze massifs dont se compose le bois de Beauficel, car il a en surface la neuvième partie de la totalité du bois.

Il n'y existe que des pins de l'espèce maritime.

Les uns, semés au mois de mars 1812, sont sur une portion qui, l'hiver précédent, fut, dans cette vue, labourée pour la seconde fois à la charrue, parce que le semis de châtaignes de 1806 manquait définitivement.

D'autres, et en très-grande quantité, proviennent du semis qui en fut fait au mois de mai 1813, à l'aventure et sans nouvelle préparation du terrain, sur la plus grande partie du surplus de la surface de cette vente, notamment à l'ouest du semis de 1812.

Et d'autres encore résultent aussi, en grande quantité, du semis qui fut fait, au commencement de mars 1819, sur un grand nombre de défrichemens et de houillages exécutés sur divers points de cette vente, notamment dans son milieu, où le terrain est plus caillouteux et plus rebelle au succès des semis. Celui-ci fut répété en cet endroit jusqu'à trois fois ; savoir, dès le mois de juillet de la même année 1819, en mars 1820, et finalement au printemps 18 1. Lors de ces repassages on mélangea de la graine de pin d'Écosse avec celle maritime ; ce qui expliquera pourquoi, en quelques endroits, on rencontre par exception des pins sylvestres.

Les *éclaircissemens et les élagages* n'ont encore été faits qu'une fois, et légèrement, dans cette vente durant l'été 1823 ; mais il est instant de les y répéter, notamment de détasser les derniers semis. Or, cela doit s'exécuter au commencement de 1827, à la suite de la nouvelle coupe qui se fait du bois feuillu, pour la meilleure végétation des pins auxquels il est destiné à être sacrifié.

Les *sujets d'expérience* y sont au nombre de six, tous de l'espèce maritime, et provenant du semis de 1812.

N°. 10, *ou Vente Grémouin.*

C'est une des deux ventes où, en juin 1819, j'ai fait semer aussi rustiquement et à demeure, comme les espèces communes, des graines du pin laricio de Calabre, que M. Vilmorin introduisait alors en France. (L'autre vente est celle de Callouel, N°. 6, dépendante du bois de Valleville.)

C'est aussi une des ventes où j'ai fait semer de la même façon du pin sylvestre de Riga, ainsi que du pin sylvestre de Genève.

La partie de cette vente qui forme son extrémité au levant, a, sauf une exception, été semée, dès le printemps 1811, en graines de pin maritime, qui furent répandues à l'aventure, sans nouvelle préparation du terrain, qui là, comme dans toutes ses autres parties, avait été, à l'automne 1806, semé en châtaignes mélangées avec du bouleau. La bordure, qui en cette partie clôt la vente, le long du fossé ou du chemin du Bec, n'a été semée qu'au printemps 1820, en graines maritime et d'Écosse, sur des défrichemens qui y furent faits à bras d'homme.

La partie au-dessus de la précédente, et à son aspect occidental, en s'acheminant sur la vallée aux Bœufs, a été semée aussi en graines de pin maritime, au mois de mars 1812; mais ce fut sur un nouveau labourage à la charrue, qui y fut fait dans cette vue, l'hiver précédent, aussi bien que dans la vente précédente et dans les deux suivantes.

Tout ce qui est au-dessus de cette seconde

partie, et jusqu'à l'extrême point occidental de cette vente, a été 1°. semé à l'aventure et sans nouvelle préparation du sol, au mois de mai 1813, en même temps que dans les ventes N°s. 8 et 9 ; 2°. et en augmentation à ce premier semis, parce qu'ayant été très - lent il n'offrait pas d'espérance de succès suffisant, il fut, sur de nombreux défrichemens et houillages confectionnés à bras d'homme, exécuté d'autres semis, les uns du 5 juin au 26 juillet 1819, les autres le 23 octobre de la même année, et les derniers seulement au printemps 1820. Ils furent faits dans l'ordre suivant, à partir de la pointe occidentale, à revenir sur les pins maritimes de 1812. D'abord, ce furent des graines de pin maritime qui furent semées, ensuite du pin laricio de Calabre ; après quoi, ce fut de la seule graine maritime ; ensuite on sema des graines d'Écosse et maritime mélangées ; puis de la seule graine maritime, mais provenant de la récolte faite sur mes propres sujets de 1811 ; puis encore, de la graine de pin sylvestre de Riga, que M. du Châtenet avait eu la bienveillance de m'obtenir de M. Poussou d'Hollande ; et finalement de pin maritime et de pin d'Écosse mélangée.

Quant aux pins sylvestres de Genève, il a été

semé, le 5 avril 1815, tout le long du bois Marlay, longeant cette vente à l'aspect du nord, sur une bordure où j'avais fait, pour cela, repasser la charrue, qui avait fait le premier défrichement en 1806, dans la vue du semis de châtaignes.

Les *éclaircissemens et les élagages* n'ont encore été faits, et très-sobrement, que dans l'été 1823, sur les semis de 1811, 1812 et 1813; mais ils vont être répétés, et d'une manière plus caractérisée, au commencement de l'année 1827, à la suite de la coupe qu'on fait du bois feuillu pour aérer et faire mieux prospérer les pins qui, là comme ailleurs, sont destinés à garnir ce mauvais sol, et à lui donner une production probablement de plus grande valeur, que les meilleures prairies de la vallée de la Rille, à surface égale.

Les *sujets d'expérience* y sont au nombre de six, dont trois en pins maritimes de 1811 ou 1812, et trois en pins sylvestres de Genève.

N°. 11, *ou Vente du Souvenir.*

Ce massif, comme les trois précédens, ainsi que le suivant, a été originairement semé en châtaignes, avec un mélange de bouleau, dans la proportion d'un quart; les semis résineux n'y ont été faits qu'à la suite de la fonte et du dépérissement absolu des jeunes châtaigniers.

Ces semis ont eu lieu en seules graines de pin maritime, aux printemps 1812 et 1814.

Et en graines maritime et d'Écosse mélangées, dans la première quinzaine de juillet 1821, par conséquent en très-haute saison ; mais ils n'en ont pas été moins prospères.

Les pins maritimes de 1812 ont été semés à la volée, sur un seul point de cette vente, où, l'hiver précédent, il avait été fait, dans cette vue, un labourage à la charrue.

Et ceux de 1814 furent semés par touffes, de place à autre, sur divers points de la vente, sans donner pour cela aucune espèce de préparation au sol.

Quant aux pins maritimes et d'Écosse de 1821, ils ont été semés sur une grande quantité de défrichemens et de houillages, qui furent faits l'hiver et le printemps précédens, à la suite du recépage du bois feuillu, dans les nombreux vides que le dépérissement total des châtaigniers laissait sur toutes les parties où les semis de 1812 et 1814 n'avaient pas été étendus, c'est-à-dire principalement sur les points où le labourage de 1806 n'avait pas été répété l'hiver 1811 à 1812, dans la vue du semis qui y fut fait à la volée en graines de pin maritime.

Dans l'emplacement d'une ancienne sablonnière, qui fait bas-fond et qui tient au fossé de clôture de cette vente, le long du chemin du Bec, le semis a eu lieu en graines de pin sylvestre de Riga de M. Poussou d'Hollande, mélangées avec du pin maritime de ma propre récolte.

Et sur un point herbu qui fait bassin au côté opposé à cette ancienne sablonnière, il y a été transplanté, préférablement au semis, des pins sylvestres d'Écosse, au printemps 1821. D'autres pareils pins ont été, mais en plus petit nombre, plantés au printemps 1825, à quelques places herbues tant du défrichement en rayon continu, longeant le chemin de Valleville aux Forges, que de la partie herbue qui est sur ce point de la vente.

Les *éclaircissemens et les élagages* y ont été faits avec discrétion dans l'été 1823, et seulement dans les semis de 1812 et 1814; mais ils y seront répétés d'une manière plus caractérisée, et il sera d'ailleurs procédé au détassement des nombreux semis de 1821, vers la fin de l'automne 1827. A cette époque, on fera la coupe du bois feuillu pour aérer les pins auxquels il est destiné à être sacrifié.

Les *sujets d'expérience* sont, dans cette vente, au nombre de six, tous de l'espèce maritime, et provenant des semis de 1812 et 1814.

N°. 12 *et dernier, ou Vente des Inséparables.*

Elle est traversée du levant au couchant par un chemin de tolérance dit *des Chouquets*, et elle se trouve avoir une petite pointe isolée, intermédiairement aux ventes N°s. 3 et 9.

C'est une des cinq ventes où, en 1806, j'avais semé des châtaignes avec de la graine de bouleau.

Les pins maritimes qui s'y trouvent, et qui en font dès-à-présent une fort belle vente, résultent des semis qui y furent faits aux printemps 1812 et 1814, précisément de la même façon et au même moment que ceux exécutés, comme je viens de le dire, dans la vente du Souvenir.

Il y a été d'ailleurs, comme dans celle-ci, semé un mélange de graines maritime et d'Écosse sur une grande quantité de défrichemens et de houillages que je fis faire dans le courant de l'année 1822, à la suite du recépage du bois feuillu, dans les vides qui se montraient alors, notamment dans les parties où la charrue n'avait pas repassé l'hiver 1811 à 1812; mais vides qui depuis ont beaucoup diminué par l'effet de la belle végétation des sujets provenus des premiers semis. Ceux ainsi additionnels ne furent faits qu'à la fin de juin 1822 sur environ la moitié des houillages, parce qu'ils n'étaient pas alors tous faits, ou qu'ils étaient trop récens. L'autre moitié fut semée à la mi-mars 1823.

La petite pointe dont j'ai parlé, n'a pu être meublée que de pins sylvestres. Ils y ont été transplantés les uns, au printemps 1818, et les autres, à pareille époque 1823; mais quelques sujets vers le nord-est de cette petite pointe résultent d'un semis que j'y fis faire comme dans la vente N°. 4 *suprà*, le 13 octobre 1812, avec d'anciennes graines de Riga, dont M. Bosc m'avait fait don au mois d'août précédent.

D'autres pins sylvestres d'Écosse existent dans la partie herbue faisant bassin et suite à semblable partie de la vente du Souvenir. Ils y ont été transplantés au printemps 1822.

Enfin sur quelques houillages près et au nord du chemin des Chouquets, j'ai semé, les 1ᵉʳ. juillet et 12 octobre 1822, 1°. des graines d'épicéas de la Forêt-Noire, que M. du Châtenet, maintenant receveur général du Bas-Rhin, a eu la bonté de me rapporter de Strasbourg, d'où il lui arrive fréquemment d'aller admirer les sujets superbes qui se trouvent dans cette forêt si renommée, notamment en cette espèce résineuse; 2°. et des graines du pin sylvestre existant dans l'île de Corse. J'en avais été obligeamment gratifié par M. le chevalier de Formanoir, qui, en 1774, en avait fait récolter dans la forêt d'Aitonne, au moment où il y commandait, des graines qui furent semées chez M. son père, à sa terre de Palteau, près Villeneuve-le-Roi, où il en existe des sujets sur lesquels M. de Formanoir prit les graines qu'il eut la bonté de me donner.

Les *éclaircissemens et les élagages* ont été et devront être dans cette vente exactement les mêmes que dans la vente du Souvenir.

Et les *sujets d'expérience* y sont aussi au nombre de six, tous de l'espèce maritime, résultés du semis de 1812, et peut-être de celui de 1814.

CHAPITRE V,

Où j'envisage ma Création de Bois sous le rapport de sa dépense.

———

Lorsque j'ai été dans le cas de faire préparer, au semis et à la plantation, mes landes et clairières par le procédé d'un labourage à la charrue, je fournissais celle-ci, et je pourvoyais aux frais des fréquentes réparations qu'exigeait son rude travail; la seule partie des socs formait une dépense journalière de cinquante sous et trois francs. Elle exigeait quatre chevaux et deux hommes, qui ne pouvaient soutenir ce travail que cinq à six heures par jour. L'étendue de la surface labourée n'excédait guère un arpent parisien ou un tiers d'hectare par journée, et celle-ci, je la payais vingt-quatre francs. Aussi ce seul article de ma dépense, compris ce qui est applicable à mes semis de bouleau, s'est-il élevé à la somme de neuf mille quatre cent cinquante-sept francs cinquante centimes; quant à la charrue, la dépense qu'elle m'a occasionnée, a été de mille neuf cent soixante-quatorze francs, dont deux cent quarante-quatre francs pour l'établir, et le surplus pour ses réparations.

Pour la préparation du terrain par des défrichemens à bras d'homme, ainsi que pour faire mes semis et plantations, éclaircir ou détasser, et élaguer mes massifs de pins, j'ai des ouvriers que j'emploie toute l'année, et que je paie à la journée au prix de trente sous, qui est celui de la contrée. Je leur fournis les pioches, serpettes, croissans et autres outils, et je pourvois aux fréquentes réparations qu'ils exigent : le tout, pour qu'ils fassent plus de besogne, et qu'ils la fassent d'ailleurs meilleure qu'avec leurs outils personnels, qui seraient moins bons, et qu'ils chercheraient trop à ménager s'ils les employaient à mes travaux.

C'est par ces ouvriers que je fais ouvrir, dans mes bois anciens et nouveaux, des allées et sentiers dont l'étendue se trouve être de quelques lieues. C'est aussi souvent par eux que je fais réparer les chemins, outre qu'ils entretiennent ces allées et sentiers, qu'ils font mes clôtures par fossés et autrement, qu'ils ébauchent l'abaissement des montées ou escarpemens dans les allées et sentiers des bois, ainsi que beaucoup d'autres travaux accessoires, qui tous sont, à proprement parler, plus ou moins en dehors des semis et plantations , ou de la création des bois.

Le nombre de ces ouvriers à l'année est de cinq, distribués, depuis un certain nombre d'années, en deux ateliers, dont un, de trois hommes, est plus particulièrement chargé des travaux dans les bois de Valleville et de Beauficel; et l'autre, qui n'est que de deux hommes, est plus spécialement occupé dans le bois du Parc, le bois Garenne et autres dépendances du premier Morceau, ainsi que dans le second Morceau, ou bois des Remises.

Le salaire de ces cinq ouvriers s'élève annuellement à environ deux mille francs, et je me plais à vouloir les occuper toute leur vie ; mais, aujourd'hui, leur principale besogne porte sur des travaux productifs, en ce que ceux d'éclaircissement ou de détassement de mes semis et plantations de pins, ainsi que ceux d'élagages qu'ils exécutent selon mes vues, donnent des produits qui surpassent de beaucoup leur salaire, puisque celui-ci, et la dépense plus forte, occasionnée par les bûcherons proprement dits, dont je vais parler, s'élèvent ensemble à moins de la moitié de la valeur de ces produits.

Pour le débitage en bourrées, fagots, cotrets et chevrons, des bois provenant des éclaircissemens et élagages exécutés par mes ouvriers à l'année, j'emploie des bûcherons, qui sont payés à la pièce, c'est-à-dire à trois livres dix sous du cent de bourrées, etc. ; ils sont aussi payés à la pièce, mais davantage, pour éclaircir ou nettoyer mes bois feuillus dans les parties où je trouve ce travail utile à leur meilleure végétation; mais lorsque pour des abattages d'arbres, des émondages de ceux-ci, et autres menus travaux, je ne puis les employer qu'à la journée, le prix de celle-ci est de trente sous, comme pour mes ouvriers à l'année.

J'ai bien employé durant un bon nombre d'années d'autres ouvriers à nettoyer mes bois anciens et nouveaux de la bruyère qui y abonde, et j'en emploie même encore parfois ; mais ce travail n'entraînait à aucun frais, parce que cette classe d'ouvriers trouve largement dans le prix de la marchandise produite par son travail le salaire de chacune de ses journées. C'était d'ailleurs et définitivement plutôt pour donner de l'occupation à ceux qui m'en témoignaient le désir, que par utilité absolue, que je faisais faire ce travail, dont la cause diminue annuellement par la végétation de mes pins,

qui sont réputés être tout particulièrement propres à étouffer la bruyère. Mais les travaux qu'ils
sont destinés à procurer, remplaceront, et beaucoup au-delà, ceux qui pouvaient résulter de
la triste et affligeante bruyère.

Il m'arrive bien aussi de faire nettoyer mes
bois, également de bruyère, par les habitans
des communes et hameaux qui en sont voisins;
de les débarrasser de genêts communs, d'ajoncs,
de fougère, de ronces et d'herbes dans les parties où le bois feuillu n'est pas fourré, et où les
pins ne se sont pas encore emparés exclusivement du terrain; mais il n'en résulte aucune
dépense pour moi. Ce sont au contraire des dons
que je fais, et qui me sont assez vivement de-
mandés, pour que tout naturellement je puisse
exiger que ces travaux s'exécutent sur les seuls
points et aux époques que j'ai réglés.

En résultat, je trouve que la dépense de ma
création de bois a été considérable, puisqu'elle
s'est élevée, comme je l'ai énoncé aux pages 104,
106 et 107 du *Traité de la culture des pins*, à
trois cent soixante-cinq francs, ou, à parler
plus exactement, à deux cent soixante francs
l'hectare; tandis qu'aujourd'hui, dans mon terrain, si difficile à préparer, soit à la charrue,
soit à bras d'homme, je ne devrais certaine-

ment pas dépenser plus de quatre-vingt-dix francs dans le premier cas, ni plus de cent vingt-cinq francs dans le second, par chaque hectare.

Si j'ai dépensé aussi disproportionnellement de ce que je pourrais faire aujourd'hui, et surtout de ce qu'un autre saurait faire à ma place, c'est que, comme je l'ai observé dans l'ouvrage précité, je n'avais ni les lumières ni l'expérience que j'ai acquises à l'aide du temps, de mes études et de ma pratique ; que j'ai été nécessairement exposé à des tâtonnemens et à des essais dont je serais affranchi aujourd'hui. J'ai d'ailleurs, par l'effet de mon organisation, subi plus qu'un autre la loi de la différence qui existe si souvent entre le savoir et le talent d'exécution, ou, comme le remarquent les observateurs du caractère humain, entre le savoir dire et le savoir faire.

Mais, sous un autre point de vue, cette dépense de deux cent soixante francs l'hectare est peu considérable, en la comparant aux avantages seulement pécuniaires qui en doivent résulter, et en faisant abstraction de la valeur qu'on peut attribuer à la jouissance morale, ainsi que de l'utilité qui peut résulter d'un exemple concluant de sa nature ; car cette dépense, toute

exagérée qu'elle soit, est un excellent placement d'argent, puisque les produits en seraient
encore extraordinaires lors même qu'on les
abaisserait au *minimum* de ce qu'ils sont susceptibles d'être, comme j'aurai occasion de l'expliquer au chapitre suivant.

A la vérité, on doit, d'après les *Principes de
la science de l'économie politique*, ajouter à la
dépense pécuniaire la valeur des soins qu'il
faut donner à une création de richesse, soit en
bois, soit en toute autre matière. Or, à cet
égard, on pourrait s'étonner que dans l'ouvrage
précité j'aie dit, pages 11 et 12, qu'on pouvait
créer des bois et forêts de pins sans donner des
soins de présence, autrement qu'environ six
semaines chaque année, et que cependant ce
que j'ai énoncé, aux chapitres II, III et IV,
des nombreux travaux que j'ai été dans le cas
de faire exécuter, annoncerait que j'y ai consacré beaucoup plus de temps. Mais quoi qu'il en
puisse être en théorie de la vraisemblance de
ce point d'objection, il n'en est pas moins vrai
que je n'ai fait que des séjours dans ma propriété
pour y opérer une création de bois; que ces
séjours n'ont jamais excédé le nombre de trois
par année, ni plus de deux à trois mois ensemble; que ces séjours ont été moins multi-

pliés depuis que je me suis à-peu-près borné à
la culture des pins ; et que, depuis plusieurs
années, je me trouve bien d'un seul séjour de
cinq à six semaines par an.

Dans le reste du temps, il me suffit d'être en
observation sur l'exécution des recommandations que je laisse par écrit sur les lieux, ainsi
que de celles que j'ai occasion d'y ajouter durant ma résidence à la ville.

J'en déduis cette conséquence, que pour les
personnes qui ne seraient pas, comme je l'ai
été, exposées à des tâtonnemens prolongés ; qui
auraient l'exemple de ce qui a été expérimenté
et mis en pratique dans ce genre de travaux, il
y aurait beaucoup moins de temps à donner,
comme il y aurait infiniment à épargner sur la
dépense en argent que j'ai été dans le cas de
faire, afin de parvenir à connaître, comme l'a
observé et publié M. de Buffon, ce à quoi elle
pouvait être restreinte.

En admettant, au surplus, qu'il faille ajouter
à l'argent déboursé la valeur du temps qu'on
doit consacrer à la création d'une richesse en
bois, j'observerai qu'il faut aussi prendre en
considération les jouissances morales qui en résultent pour leur créateur, telles que le plaisir
que, par la nature même des choses, on éprouve

à créer ; l'avantage d'avoir un moyen d'occupation d'une espèce qui ne ravit pas l'indépendance, mais qui remplit les loisirs ; la satisfaction d'être utile à soi, à sa famille ou à ses
affections en même temps qu'à son siècle, au
Gouvernement de son prince et à son pays ;
toutes choses qui ont aussi une valeur, et qui,
aux yeux comme à la sensation de bien des personnes, sont dans le cas de compenser grande-
ment la valeur du temps consacré à diriger les
travaux d'une création.

Cette compensation pourrait avoir moins
d'étendue dans le cas d'une grande entreprise
sur des points du royaume où il y aurait de
l'utilité, et sur-tout de grands profits à espérer d'une telle création, parce qu'alors on est
dominé bien plus par l'expectative des bénéfices,
que par celle des jouissances de l'âme et du
cœur. Mais, dans ces sortes de cas, il y aurait
beaucoup à économiser dans la dépense, parce
qu'il est de fait que les personnes qui possèdent
la science des entreprises, savent tout particulièrement faire exécuter des travaux à des prix
de beaucoup inférieurs à ceux que l'inaptitude
du plus grand nombre de propriétaires les met
dans le cas de payer, comme j'ai eu occasion de
l'observer page 102 du *Traité de la culture des
pins.*

CHAPITRE VI,

Où j'examine quels sont les Produits et les Pro-
fits qui doivent résulter de ma création de
bois.

C'EST ici la pierre de touche, puisqu'il est de
l'essence des entreprises bien entendues, de produire des avantages plus ou moins considérables, de telle sorte que l'approbation qu'elles
peuvent recevoir, et les éloges qu'on peut leur
accorder, sont nécessairement proportionnés
au degré d'utilité dont elles sont tout-à-la-fois
à la richesse des travaux, aux besoins du pays
et à leurs auteurs.

Observations.

Je dois expliquer, avant de passer à l'examen
que j'ai à faire, que les produits auxquels je
tends dans ma création de bois, ne doivent pas
consister en résine, non-seulement parce que
d'après l'expérience faite dans le Maine, je ne
pourrais guère me flatter d'en obtenir, quoique

dans la forêt de Fontainebleau M. de Larminat soit pleinement parvenu à s'en procurer des pins maritimes du rocher Davon ; mais aussi parce que dans ma localité, le bois d'œuvre étant susceptible de débouchés qui n'existent pas dans l'état où se trouvent encore actuellement les landes de Bordeaux , où cette circonstance oblige de se borner aux avantages inférieurs de la résine, il y a incomparablement plus d'avantages à y spéculer sur le bois d'œuvre, qu'à le faire sur les produits résineux, outre que celui en bois propre à l'œuvre étant beaucoup plus simple que ceux en résine, il convient infiniment mieux aux propriétaires , parce qu'il est précieux pour eux de simplifier les soins qu'ils ont à donner, et de conserver autant d'indépendance qu'il est possible.

Ce sont donc des bois propres à la charpente et à la menuiserie que je tends à avoir, sans me flatter d'en obtenir qui, comme dans le Maine, soient propres à faire des mâts pour des vaisseaux de commerce de deux à trois cents tonneaux, parce que dans ma localité le sol est si pauvre et si maigre, qu'il ne favorise pas la végétation en hauteur. Elle n'y a principalement lieu qu'en grosseur ; elle paraît y être plus l'effet de la sève descendante que de la sève ascendante. Aussi les pins y sont mûrs plus tôt que dans le Maine, et par conséquent les récoltes sont dans le cas de s'y répéter plus souvent ; ce qui pourra compenser le désavantage d'une végétation moins élevée.

Ce ne sera qu'accessoirement que je ferai convertir mes produits en bois de chauffage, parce qu'il est d'expérience dans le Maine que, nonobstant que le bois de pins soit particulièrement propre et avantageux au feu des fourneaux ou des usines, il y a néanmoins une différence de valeur de trois contre un en faveur du bois d'œuvre sur le bois de chauffage.

Aussi, dans ce pays du Maine, ce ne sont que les personnes pressées de jouir, ou commandées par des besoins, qui vendent leurs arbres à moitié de leur âge de maturité, pour servir à alimenter les fours et fourneaux de toutes espèces.

Quant aux bons ménagers, ils attendent la maturité de leurs arbres, qui alors sont propres à la charpente, à la menuiserie, et quelquefois à faire des mâts. Ils ne destinent au chauffage que ce qui de ces arbres est impropre à l'œuvre ; et la proportion de l'un à l'autre de ces deux emplois varie de la cinquième à la septième partie de toute la matière, pour ce qui n'est propre qu'au chauffage : de manière qu'à terme moyen, les produits se composent de cinq parties en bois d'œuvre, et d'une seule partie en bois de chauffage.

Il y a en outre les nettoyages (1) ou les éclaircissemens, détassemens et élagages, qui s'exécutent graduellement dans les bois de pins, et dont les produits sont toujours employés au chauffage dans le Maine. J'ai approximé, page 284 du *Traité de la culture des pins*, cette portion des produits à la quinzième partie de ceux définitifs; mais on m'a observé que cette proportion était trop élevée, parce que, dans ce pays du Maine, elle variait du quinzième au vingtième.

Du reste, chez moi, le bois de ces détassemens n'est pas tout employé au chauffage; car dès-à-présent il s'en trouve des parties pro-

----

(1) Cette expression de nettoyages est, ce me semble, la plus propre à prévenir la confusion des idées, et à en donner une plus nette de l'objet de ces extractions, puisque cet objet n'est pas d'avoir des produits, quoiqu'il en résulte assez pour rembourser les frais de création, intérêts compris, et même pour donner de premiers profits; mais il consiste, et il a pour but, d'avoir plus promptement, ou plus hâtivement, des arbres de choix, et à les avoir plus beaux, plus gros et plus élevés.

pres à faire du chevron pour les bâtimens des campagnes; elles sont recherchées, et sauf la surabondance que j'en pourrais avoir, je puis m'en promettre des avantages, à mesure que mes pins avanceront en âge, puisque la valeur commerciale de ce petit bois d'œuvre est plus que du double de celui employé au chauffage.

Il y a bien, dans le Maine, une autre portion de bois de pins qui est également et exclusivement employée au chauffage. Ce sont les arbres avariés, soit pour cause de la maladie du champignon, soit pour toute autre. A cet égard, il n'y a pas de proportion fixe, parce que des pinières en sont totalement exemptes, tandis que d'autres en éprouvent plus ou moins les désavantages.

Ainsi en résultat, et sauf l'augmentation résultante des arbres avariés, on peut dire, par l'exemple du pays du Maine, où les pins sont cultivés depuis des siècles, et où il y en a des centaines de milliers d'arpens, que la proportion entre le bois propre à l'œuvre, et celui qui n'est propre qu'au chauffage, est des trois quarts au moins, ou des quatre cinquièmes au plus, pour l'emploi à l'œuvre, et du quart au cinquième pour l'emploi au chauffage, puisque pour celui-ci il y a, d'une part, de la quinzième

à la vingtième partie de la matière, produite
par les nettoyages, et d'autre, la sixième partie, à terme moyen, de toute la matière des
arbres définitifs.

***

J'observerai aussi, relativement à la quantité
de matière qu'on peut se promettre d'une création de bois résineux, plus encore que de bois
feuillus, qu'il y a une distinction cardinale à
faire sous ce rapport entre la culture soignée,
et au contraire l'abandon de la production à
elle-même, sans le secours d'une bonne conservation et de soins bien entendus, tellement
que M. Dralet, qui, par ses fonctions de conservateur, ses lumières et ses connaissances
de faits, peut constamment être cité comme
autorité, assure, page 151 de son *Traité des
foréts d'arbres résineux*, que cette différence
est comme quatre et même cinq sont à un.

Tellement aussi, que M. Lemarchand Foulongne, qui, dans le Maine, a également tant
de connaissances de faits en cette matière, m'a
cité, comme je l'ai rapporté pages 160 et 161
du *Traité de la culture des pins*, l'exemple
d'une pinière de cinq cents arpens d'ordonnance, où, sur la production en matière, le

seul défaut de nettoyage avait causé une perte de soixante pour cent.

Ainsi, dans ce qu'il va m'arriver de dire sur l'évaluation des produits en matière qu'on est dans le cas d'obtenir dans la culture des bois résineux, il faut toujours supposer qu'on aura donné à cette culture tous les soins nécessaires pour en obtenir le *maximum* de produits, parce que non-seulement ces soins exercent une influence prodigieuse sur la quantité de ces produits, mais aussi parce qu'à leur défaut on serait dans le vague et à la merci du hasard.

———————

Et relativement à la quantité de produits que je vais attribuer à ma création de bois, j'observerai ici qu'on peut bien varier sur le plus ou le moins de leur quantité, mais non sur leur importance, qui, bien certainement, ne peut être que plus ou moins grande.

C'est dans la vue de fixer ce point de fait, utile à la science, que je me tiens en mesure de savoir et d'être en état de rendre compte de ce que j'en recueillerai sous le double rapport du brut et du net. C'est dans le même but que j'en fais la recommandation à mes successeurs.

Pour moi, j'ai commencé trop tard pour

être dans le cas de le savoir dans toute l'étendue des faits, puisqu'à l'égard des pins, ma culture ne remonte qu'au printemps 1811, et qu'a-
lors j'atteignais neuf lustres. Il m'aurait fallu
commencer vingt ans plus tôt, et avoir dès-
lors les connaissances que je n'ai acquises qu'en
opérant. Ainsi, ce seront mes successeurs, appelés à recueillir tous les avantages de ma création
de bois, qui pourront en connaître exactement
l'étendue, et participer cette connaissance s'il
arrive qu'il soit utile de la publier, en prenant,
comme je les y invite, le soin de constater tout-
à-la-fois la quantité de matière qu'ils retireront de cette création, dont l'étendue est à-
peu-près fixe, et l'espace de temps qu'il aura
fallu pour l'obtenir ; car pour bien apprécier la
chose, il faut l'envisager sous ce double point
de vue.

Objection.

On pourra faire cette remarque sur l'évaluation que je vais faire des produits en matière
de ma création de bois, qu'il y en a des parties
si récentes, que non – seulement elles ne par-
lent point encore aux yeux et aux sens, mais
qu'elles offrent par cela seul l'incertitude de
leur succès, à la différence des parties assez avan-

cées en âge et en végétation, pour être autorisé
à en augurer ce que je m'en promets.

Réponse.

J'aurais alors à répondre que j'ai pour garant
du succès de ce qui est récemment créé, l'exemple de l'état plus ou moins satisfaisant où se
trouve ce qui est maintenant assez avancé en
âge et en végétation, pour en avoir l'opinion
que je vais exprimer, en sorte que je me trouve
autorisé à croire que, sauf la différence de deux
à trois lustres entre l'une et l'autre de ces deux
classes de ma création, le succès du tout est
assez assuré aujourd'hui pour que j'en puisse
déduire les conséquences que j'énoncerai dans
un moment.

Évaluation des Produits et des Profits.

Pour se fixer à des idées exactes sur ce point
capital, il faut considérer d'abord les choses
sous le rapport de la quantité de matière, parce
que, comme j'ai eu occasion de l'observer ailleurs, la valeur en argent du bois varie selon
les localités, tandis que le cube du bois est in-
variable; qu'ainsi cette valeur en argent pourrait être double, triple et davantage dans certaines parties de la France, de ce qu'elle serait

dans d'autres, sans pour cela qu'il y eût de différence dans la quantité de la matière.

J'examine donc d'abord quelle quantité de
matière je puis conjecturer devoir obtenir de
ma culture. Pour cela, je rappelle que l'é-
tendue superficielle des parties de mes bois
qui sont exclusivement meublées de pins, est
d'environ cent cinquante hectares, comme deux
cents acres locales, ou trois cents arpens d'ordonnance, ou bien enfin quatre cent cinquante
arpens parisiens.

Il y a beaucoup de variations, tant sur la
quantité d'arbres qu'on peut se promettre par
hectare, que sur la quantité de matière qu'on
en peut obtenir; mais, comme je l'ai dit au
chapitre précédent, et comme j'aurai occasion
de le répéter au chapitre suivant, il doit arriver que même en abaissant ce qui doit résulter de ma création, à moins de la moitié de ce
à quoi les personnes qui m'ont honoré de leurs
observations et de leurs critiques, la restrei-
gnent, sa production serait néanmoins encore
si considérable, qu'elle resterait millionnaire.

En effet, si, comme je l'ai annoncé au chapitre XIV du *Traité de la culture des pins*, il
soit vrai que, dans les circonstances favorables,
et moyennant des soins proportionnés à ceux

qu'on donne dans la culture arable, on fût dans le cas d'avoir, dans l'espèce maritime, quinze cents sujets définitifs par hectare, cubant chacun, à terme moyen, trente pieds, il en résulterait quarante-cinq mille pieds cubes de matière, outre trois mille pieds cubes résultant des nettoyages graduels et successifs.

Mais, l'un de mes pairs et maîtres, du pays du Maine, M. Lemarchand Foulongne, qui est placé dans des circonstances toutes particulièrement propres à lui donner des connaissances spéciales sur ce point de la science forestière, m'a observé, depuis cette publication, qu'en général à cinquante ans les pins de cette espèce sont au nombre de quinze à dix-sept cents par hectare dans cette partie de la France ; ce qui excède la quantité que j'avais exprimée, puisqu'à terme moyen, ce serait seize cents sujets ; mais que leur cubage n'était (à la vérité *sous* écorce) que de douze à treize pieds en bois d'œuvre, et de deux pieds en bois impropre à cet emploi d'élite : en sorte qu'à quinze pieds par arbre et pour le nombre de seize cents sujets, ce ne serait que vingt-quatre mille pieds cubes de matière par hectare, outre un à deux mille autres pieds cubes résultant des nettoyages qui doivent précéder les produits définitifs pour rendre ceux-ci plus considérables, plus hâtifs et de meilleure qualité.

De son côté, M. Baudrillart, qui a plus de connaissances théoriques et moins de connaissances pratiques que M. Lemarchand Foulongne, a, sur ces deux points de quantité de sujets et de quantité de matière par hectare, observé qu'en Allemagne, et dans l'espèce sylvestre, qui exige plus d'espacement que le pin maritime, le nombre des sujets n'y était, à cent vingt ans d'âge, que de six à huit cents; mais que de soixante à quatre-vingts ans, par conséquent bien après cinquante ans, ce nombre s'élevait de quinze cents à deux mille. Qu'à l'égard de la quantité de matière, elle était de trente-six mille pieds cubes à cet âge de cent vingt ans, compris ce qu'en avaient produit les éclaircies. Que, quant au pin maritime, il ne pouvait raisonner que par conjecture ; qu'en ce sens, il lui paraissait qu'on pouvait évaluer le produit, à l'âge de cinquante ans, de vingt à vingt-deux mille pieds cubes, dans les cas les plus favorables ; encore était-il à considérer que, dans cette espèce maritime, le volume doit être diminué d'un cinquième pour l'écorce. Que d'ailleurs il n'y aurait peut-être qu'un tiers de la matière qui fût propre à la charpente (1). Mais on vient de voir qu'à cet égard le raisonnement purement conjectural de M. Baudrillart n'est pas fondé en réalité, puisque M. Lemarchand Foulongne, dont le témoignage sur ce point doit faire autorité, atteste que, défalcation faite de l'écorce, le produit est de vingt-quatre mille pieds cubes, dont les six septièmes sont propres à l'œuvre, c'est-à-dire à la charpente, à la menuiserie, et même aux mâts.

Ainsi, en écartant ce que, dans le *Traité pratique de la culture des pins à grandes dimensions*, j'ai dit du produit en matière des pinières gérées et administrées avec des soins qu'on leur a si rarement donnés jusqu'à présent, faute d'en avoir apprécié les grands avantages, et en se réglant sur ce qu'en atteste M. Lemarchand Foulongne, dont je ne doute pas que le témoignage soit adopté par M. Baudrillart, je puis annoncer ma création de bois de pins comme étant susceptible de donner en

----

(1) Pages 13 et 14, 16 à 19, du *Rapport fait à la Société royale et centrale d'agriculture dans sa séance du 2 août 1826, sur le projet de boisement des landes de Bretagne;* brochure de 24 pages in-8°. A Paris, chez Madame *Huzard.*

produits définitifs, pour une étendue de cent cinquante hectares, l'énorme quantité de trois à quatre millions de pieds cubes en matière, dont les six septièmes seraient en bois d'œuvre, outre l'équivalent de deux à trois cent mille pieds cubes de produits préparatoires résultant des nettoyages graduels et successifs à faire pour la prospérité des arbres qui, en définitive, produiront ces trois à quatre millions de matière.

Maintenant, il est facile d'assigner une valeur en argent à ce qui doit résulter de ma culture ou de ma création de bois de pins.

En effet, dans ma contrée de Normandie, où les gros bois disparaissent assez pour qu'on prévoie s'en trouver en disette vers dix ans d'à présent, le prix *sur pied* de la marque normande (deux forts pieds cubes) est, en chêne, depuis quarante sous jusqu'à cinq francs, selon la beauté et l'étendue des dimensions des arbres : en sorte que, d'après cela, et en considérant que, dans mon voisinage, les sujets d'une sapinière y ont été vendus, dans ces dernières années, au prix de quarante sous à trois livres cinq sous la marque, je puis croire qu'au taux de vingt sous le pied cube, ou de quarante sous la marque, ma création vaudra *en net*, à mes successeurs, trois à quatre millions, comme *en brut* elle en vaudra cinq à six, outre les produits préparatoires, qui pourront s'élever à quelques centaines de mille francs.

Mais, en considérant que la maigreur et l'aridité du sol où je cultive, sont telles que souvent ce sont plutôt les cailloux-silex que la terre qui y dominent, il peut arriver que je ne puisse pas avoir en sujets définitifs le même nombre que dans le Maine et qu'en Allemagne, j'envisagerai ma production moins avantageusement, et je la réduirai à beaucoup moins, sans que, pour cela, elle cesse d'être millionnaire.

J'admettrai donc que dans mon cas il faut, comme l'a observé M. Varennes de Fenille, avoir moins d'arbres, pour avoir plus de bois ou plus de matière.

Raisonnant dans ce système, je me bornerai à croire que je ne dois compter que sur un seul sujet, mais qui sera d'élite, par perche locale; ou un peu au-delà de deux cents par hectare, ou qu'à défaut de sujets d'élite, comme cela peut arriver dans les veines de terrain trop pauvres encore pour en faire végéter de cette classe, j'en aurai quatre, cinq, ou davantage, pour équivaloir à un seul.

Or, dans cet abaissement de production, j'aurais encore au-delà de trente mille sujets, soit d'élite, soit un plus grand nombre pour y équivaloir.

D'un autre côté, en voyant que, dans mon voisinage, chez M. de Ribard, où le sol est si semblable au mien, les beaux sujets y cubent vingt à trente marques, et en considérant que, dans le Maine, au témoignage de M. Lemarchand Foulongne, les pins épars, ainsi que ceux des bordures et des allées, quoique ayant moins de hauteur que ceux des massifs, ont cependant plus de matière, et que souvent ils ont une valeur double de ceux-ci, je puis croire que chacun de mes trente mille arbres d'élite cubera, à terme moyen, vingt-cinq marques ou cinquante pieds, et que par conséquent ma production définitive serait, en matière, de quinze cent mille pieds cubes, à raison de dix mille par hectare, au lieu des vingt-quatre mille de M. Lemarchand Foulongue, et des vingt à vingt-deux mille de M. Baudrillart.

La valeur en argent pourrait, en ce cas, être élevée au-delà du taux de quarante sous de la marque, parce que le prix du bois d'œuvre est d'autant plus fort, que les pièces ont de plus grandes dimensions; mais en se bornant à ce prix de quarante sous la marque, ou de vingt sous le pied cube sur pied, il en résulterait *en net* une valeur en argent de quinze cent mille francs, outre et indépendamment des produits résultant des éclaircissemens ou détassemens, comme des nettoyages et élagages.

Par conséquent en *produits bruts*, c'est-à-dire sous le point de vue où les administrateurs et les hommes d'État considèrent toujours la production, à cause notamment de la richesse des travaux qui en résultent, ce serait deux à trois millions, outre toujours les produits impropres à l'œuvre.

Et dans l'hypothèse où je raisonne, les produits accessoires seraient nécessairement plus considérables, parce que j'aurais beaucoup plus d'arbres à sacrifier à ceux définitifs, et que ces arbres sacrifiés ne devraient l'être qu'à des époques où ils auraient d'autant plus de valeur en argent, qu'ils seraient eux-mêmes propres à l'œuvre.

S'il en arrive ainsi, j'obtiendrai probablement une autre compensation à l'abaissement de mes produits, en ce qu'il est de principe, dans la science forestière, que plus le sol est pauvre, plus tôt arrive la maturité de la production, et j'en vois la preuve encore chez M. de Ribard, où ses sujets, si beaux qu'ils soient, étaient déjà sur le retour avant cinquante ans, de manière

que la maturité de ma production arrivera probablement vers quarante ans de mes semis, du
moins dans l'espèce maritime, au lieu de cinquante, soixante et soixante-dix ans, qu'elle
arrive seulement dans le Maine, où le sol est
favorable à la sève ascendante, qui, au contraire
dans ma localité, est, à raison de la maigreur
du terrain, dominée par la sève descendante.

J'ai d'ailleurs un autre indice de la hâtiveté
de la végétation dans ma localité, et j'en dois
la connaissance à la précaution que j'ai prise
d'avoir, sur beaucoup de points et dans la plus
grande partie de mes quarante à cinquante massifs, des sujets d'expérience dont le mesurage
annuel m'apprend le grossissement de chaque
année. Or, ce grossissement étant beaucoup
plus considérable que dans le Maine, il en doit
résulter que ne pouvant l'attribuer à la supériorité du sol, il faut que ce soit l'effet d'une
plus courte durée de vie, comme cela arrive
dans les bois feuillus, dans le chêne, par exemple, qui, comme l'observe M. de Perthuis, est
mûr à 50 ans dans les sols maigres, au lieu
qu'il ne l'est qu'à deux ou trois cents ans dans
un sol riche.

Ainsi, en ayant, dans la culture en bois, des
récoltes moins productives sur les sols maigres,

qu'on ne les obtient dans les sols plus ou moins riches, on les y a plus répétées, chose dont on est privé dans la culture arable : de manière que probablement dans ma contrée on ferait trois récoltes contre deux dans le Maine, ce qui pourrait faire compensation ; car, si dans le Maine on a en soixante ans une production en matière d'environ vingt-cinq mille pieds cubes, on doit avoir dans ma localité, dans le même espace de temps, 1°. pour une récolte à quarante ans, au moins. . . . . 10 mille pieds cubes.

2°. Pour les intérêts simples de cette production depuis quarante jusqu'à soixante ans, autant ou 10

3°. Et une demi-production dans cet espace de quarante à soixante années, ou 5

____

Par conséquent aussi . 25 mille pieds cubes.

Ces produits, considérés sous le rapport de leur valeur en argent, sont bien différens et bien autrement considérables que ceux qui s'obtiennent dans les landes de Bordeaux. Là, d'après ce que j'apprenais, en 1821, de feu M. de

Rochefort, conseiller d'État, il ne trouvait à vendre qu'au prix de quinze sous la pièce, le nombre annuel de trois mille arbres, à choisir par les acheteurs dans ses pinières des environs du bassin d'Arcachon.

Là encore, je tiens de la grande obligeance de M. Seguineau-Lognac, renommé par les soins tout particuliers et la grande intelligence qu'il apporte à la culture des pins dans sa terre de Portels, à peu de lieues de Bordeaux, sur une surface d'environ neuf cents journaux, correspondant presque aux arpens parisiens, des renseignemens très-circonstanciés sur sa culture et sur son exploitation, l'une et l'autre soignées beaucoup au-delà de ce qu'elles sont généralement dans les Landes.

Il en résulte qu'ayant, d'après les débouchés de sa localité, adopté l'emploi de ses pins à faire des échalas de l'espèce dite *œuvre*, vers quatorze ou quinze ans du semis, et à faire d'autres échalas de l'espèce dite *carcassonne*, ainsi que des planchettes, des bûches et des fagots, lors de la coupe définitive qu'il fait de ses pins dès vingt-cinq à trente ans de leur semis, il obtient en produit *net* moins de deux mille francs par hectare, tant pour ses deux récoltes que pour un premier éclaircissement, qu'il fait exécuter six à sept ans après avoir semé.

A la vérité, c'est avant quinze et avant trente ans de cette époque de semis, que M. Seguineau obtient ce produit *net*, et que s'il lui arrivait de le capitaliser, il arriverait qu'à soixante ans il aurait un produit en argent d'environ sept mille francs par hectare; savoir, pour les récoltes de la première période de trente ans, environ. . . . . 2,000 fr.

Pour les intérêts simples de cette somme, pendant les trente années de la seconde période . 3,000

Et pour les produits de cette seconde période. 2,000

SOMME ÉGALE . . . . . 7,000 fr.

Néanmoins ce produit, si considérable qu'il soit, reste inférieur de beaucoup à celui qu'on peut se promettre dans ma contrée.

Je m'en explique la cause par ces deux circonstances capitales :

La première, que même aux portes de Bordeaux on n'a pas, comme dans ma localité et comme dans le Maine, l'avantage d'un emploi du bois à l'œuvre du premier ordre, tel que les mâts, la menuiserie et la charpente; emplois où le bois a incomparablement plus de valeur que dans l'emploi de la petite œuvre, telle que les échalas ordinaires, et même ceux de Carcassonne.

La seconde, qu'outre cette infériorité causée par l'emploi donné à la matière et le défaut de sa maturité, il y a de plus infériorité dans la quantité, parce qu'il est constant, d'après les observations publiées par M. de Buffon, M. Duhamel, M. Varennes de Fenille, MM. de Perthuis père et fils, M. Baudrillart, etc., et aussi d'après ce que M. Lemarchand Foulongne a étudié dans le Maine, qu'à moitié de leur âge de maturité, les arbres n'ont que le quart de la quantité de matière qui s'y trouve à l'époque de cette maturité : en sorte qu'en deux récoltes faites à mi-âge, on n'obtient encore que la moitié de ce qu'on a en une seule récolte faite à l'âge de maturité des arbres, outre, je le répète, la différence dans la qualité de la matière.

A l'égard de l'exemple dont je dois la connaissance à M. de Rochefort, il est évident, comme il me faisait l'honneur de me l'ajouter, que la cause de la vileté du prix de ses beaux pins du bassin d'Arcachon provient du défaut de débouchés. Il en était de même pour les précieux mélèzes, qui sont appelés à exercer avant trente ans une si grande influence dans les constructions maritimes de l'Angleterre ; car feu M. d'André, qui en avait possédé sept forêts ou montagnes en Provence lorsqu'il était conseiller au parlement d'Aix, m'a souvent dit qu'alors ce défaut de débouchés y était tel, que c'était une bonne fortune de trouver à trois francs, des acheteurs pour des mélèzes dont le prix n'aurait pas dû être inférieur à cent francs, au taux de trente sous le pied cube pour ce bois de fer et d'éternité.

Cette double circonstance donne la preuve que je m'applique à rappeler en toute occasion, qu'il ne faut, sous le rapport spéculatif, s'adonner à la culture si facile et si avantageuse des pins, que dans les localités où il y a, sinon disette de bois, du moins où il y a certitude, soit de besoins, soit de débouchés.

Époque où s'obtiennent les Produits.

Cette époque sera d'autant plus rapprochée dans ma création que les produits en seront moins considérables.

D'un autre côté, cette création, portant principalement sur les pins maritimes, c'est sur l'âge de maturité de cette espèce qu'il faut se régler.

Or, si les produits résultant de ma culture n'arrivaient qu'à cinquante ou soixante ans, c'est parce qu'ils s'élèveraient, *en net*, à trois ou quatre millions, comme à cinq ou six *en brut.*

Et s'ils ne s'élèvent qu'à moins de deux millions en net, ou à deux ou trois millions en brut, c'est parce que leur récolte aura lieu plus tôt, comme par exemple à quarante ans.

En cela je ne parle que des produits définitifs.

Quant à ceux accessoires résultant des nettoyages, ils commenceront dans tous les cas, du moins dans l'espèce maritime, vers l'âge de huit ans du semis à demeure, et ils se prolongeront jusqu'au moment de la récolte des produits définitifs.

Ces produits accessoires seront d'autant plus élevés, que l'époque de ceux définitifs sera plus rapprochée, parce que, dans ce dernier cas, il y aurait plus de détassemens ou d'éclaircissemens à faire ; et alors ils ne seraient pas moindres du quinzième de la valeur des produits définitifs : au lieu que, dans l'autre cas, ils pourraient n'être que du vingtième de cette valeur définitive.

Mais, dans l'un et l'autre, ces produits ac--

cessoires doivent fournir largement à la rentrée des frais de la création, non pas seulement en capital, mais aussi en intérêts, et même ils doivent en outre donner lieu à de premiers profits.

CHAPITRE VII,

Où je fais la comparaison de la Dépense de ma Création de Bois de Pins, avec les Produits ou les Profits qui en doivent résulter.

Il y a nécessairement beaucoup de variations dans l'étendue de la dépense qu'exige une création de bois résineux, parce que à intelligence et à instruction égales chez les créateurs, les innombrables variétés du sol, des sites et beaucoup d'autres circonstances, doivent assez influer sur cette étendue de dépense, pour qu'elle se trouve souvent différente dans une localité de ce qu'elle aura été dans une autre.

Ayant parlé assez au long sur ces différences, depuis la page 95 jusqu'à celle 109 du *Traité pratique de la culture des pins*, je ne me répéterai pas ici; mais je citerai ces deux extrêmes : là où j'ai dépensé deux cent soixante francs l'hectare, mes pairs et maîtres du pays du Maine savent ne dépenser que si peu de chose, qu'on pourrait dire que là il n'en coûte que la peine du vouloir ; ce qui est un effort qu'il n'est pas donné à tous les hommes de pouvoir faire, même dans les climats où leur rigueur n'engourdit pas les facultés physiques et morales.

Et j'ajouterai ici, pour justifier ce que j'ai dit au chapitre V précédent, en avançant qu'aujourd'hui, dans mon sol si exigeant sur la dépense, je pourrais ne plus dépenser que quatre-vingt-dix fr. dans un cas et cent vingt-cinq dans un autre, par hectare; j'ajouterai, dis-je, que le Rapport précité sur le projet de boisement des landes de Bretagne, exprime, page 22, cette assertion remarquable : que l'Administration générale des forêts (qui est exposée à payer plus cher que les propriétaires privés) ne dépense que quatre-vingts à cent francs par hectare, pour créer des bois en essences résineuses.

M. Seguineau, qui, comme je le disais il y a un moment, cultive presque aux portes de Bordeaux, et qui fait préparer son terrain avec le même soin et les mêmes dépenses que pour des céréales, ne débourse pourtant que quatre-vingt-quatre francs par hectare.

Dans d'autres parties des Landes, M. B., ingénieur des ponts et chaussées, auteur d'un *Plan général de leur amélioration*, imprimé à

Bordeaux, chez Brossier, en mai 1826, nous apprend que là où on cultive pour avoir des produits en résine, il n'en coûte que neuf fr. trente centimes par hectare, et que dans les contrées où on cultive pour les vignobles, la dépense s'élève à trente-deux francs.

Mais tout en admettant que dans ma création j'aie dépensé outre mesure, il n'en est pas moins vrai que, pour quiconque ferait une dépense aussi forte, elle serait néanmoins encore un excellent placement d'argent, si la valeur vénale du bois est la même dans sa contrée que dans la mienne.

En effet, en considérant comme indispensable la dépense de création, à la somme élevée de deux cent soixante francs l'hectare, au lieu de moins de cent francs, comme cela arrive par-tout ailleurs et à tout autre qu'à moi ; et d'un autre côté, en abaissant les produits définitifs à dix mille pieds cubes de matière, lors même qu'on me les accorde à vingt, vingt-deux et vingt-cinq mille pieds, il arrivera d'une part, que moi, ou ce que je me permettrai d'appeler les *miens*, seront largement remboursés de cette avance de deux cent soixante francs et des intérêts simples, par les produits accessoires, puisqu'ils ne devront pas être moindres de six à sept cents francs ; et d'autre part, il arrivera que le produit définitif sera, pour mes héritiers, d'environ quarante fois le montant de ma dépense, après le remboursement de celle-ci en intérêts comme en capital.

Et si, dans une semblable création qu'on ferait, la dépense n'excédait pas cent francs par hectare, comme cela doit arriver dans presque tous les cas, d'après ce que j'ai cité il y a un moment, il arriverait que le bénéfice serait de cent fois le montant de l'avance qu'on aurait originairement faite, et dont on aurait été remboursé depuis. Ce bénéfice serait même de beaucoup plus ; il serait de deux cents fois et davantage, aux yeux de M. Baudrillart comme à ceux de M. Lemarchand Foulongne, puisqu'ils élèvent le produit en matière à vingt-deux ou à vingt-cinq mille pieds cubes ; tandis que je ne le suppose que de dix mille, ou moins de la moitié de ce qu'ils admettent.

La conséquence à tirer de là, est que j'ai eu évidemment raison de dire que lors même qu'il faudrait faire une dépense de deux cent soixante francs par hectare, pour créer des bois de pins, ce n'en serait pas moins un excellent placement d'argent, puisque, après en avoir été remboursé, même en intérêts, on obtient pour béné-

lice quarante fois le montant de son avance, si
ce n'est pas même beaucoup plus; par conséquent cent pour cent, au *minimum*, de profit par
chaque année.

A la vérité, ce grand profit matériel ne doit
être que rarement recueilli par le créateur personnellement, puisqu'il lui aurait fallu opérer
sa création dès l'âge de vingt à trente ans, et
que c'est une époque de la vie où nous sommes
maîtrisés par d'autres goûts.

Mais il est une classe d'âmes privilégiées
pour qui cette circonstance ne diminue rien
du prix qu'elles peuvent attacher à leurs travaux.

Telles sont les personnes qui, se trouvant
au-dessus des besoins de fortune, n'en éprouvent que plus vivement le besoin des choses qui
nourrissent l'âme et le cœur.

Telles sont, par conséquent, les personnes
qui verraient, dans des créations de bois, un
genre tout particulièrement élevé de cette industrie qui est un des traits caractéristiques
du temps présent, et d'autant plus élevé, qu'il
a été jusqu'ici moins usité; qui verraient dans
cette catégorie de travaux une occasion d'être
utiles au Prince, à son gouvernement, au pays
et à l'humanité, puisque, dans ce genre élevé

d'industrie, ces avantages consistent à prévenir soit la disette, soit l'insuffisance des bois
de construction, qui disparaissent d'une manière inquiétante.

Qu'ils consistent aussi à regarnir, pour ainsi
dire magiquement, ces montagnes si imprudemment dénudées, qui s'abaissent annuellement, qui encombrent les vallées par leurs débris, en même temps que ceux-ci stérilisent
les terrains cultivés, et que cette nudité a en
outre le double inconvénient de tarir les sources
et de causer ces torrens dévastateurs, dont les
habitans des parties méridionales de la France
se plaignent et souffrent si souvent.

Qu'ils consistent encore à procurer à la po-
pulation surabondante du temps présent des
moyens d'occupation, comme des moyens de
consommation que réclament les produits agricoles et manufacturiers, parce que occupation
et consommation bien entendues sont liées l'une
à l'autre; par conséquent à donner ou à forti-
fier le goût, l'habitude et l'amour du travail,
en même temps que cet esprit de bon ordre
et de bonne conduite, dont un des heureux
effets est, qu'il n'y a pour le Prince que du plaisir à gouverner, et pour ses ministres que de la
facilité à administrer.

Pour ces personnes, les jouissances pécuniaires n'ont de prix qu'à cause des avantages
qui en peuvent résulter, non pour elles-mêmes,
mais pour leur postérité, pour leur famille, et
pour les affections qui embellissent tant la vie.

CHAPITRE VIII ET DERNIER,

Consacré à quelques remarques et réflexions.

Dans une création de bois, il importe beaucoup de la hâter, parce que, comme je l'ai observé pages 211 et 212 du *Traité de la culture des pins*, dans l'état actuel de la science forestière-*pratique*, où on est privé d'aides et de collaborateurs, une telle chose ne peut se réaliser dans toute son étendue que par la volonté et l'industrie d'un seul homme, et qu'elle serait bien aventurée s'il en laissait une portion à faire à ses successeurs, parce que, comme on ne s'occupe guère de tels travaux qu'à un certain âge, à une époque déjà avancée dans la vie, il faut exécuter l'entreprise en peu d'années, ou elle ne sera probablement qu'incomplète.

On ne doit donc pas régler le nombre des années d'exécution sur celui des coupes qu'on se promettrait par une division de l'aménagement qu'il est si sage de faire des bois qu'on possède ; par conséquent on ne doit pas prolonger pendant trente ans, par exemple, une création de bois qu'on se proposerait d'aménager à cet âge, pour qu'il résultât de cette prolongation une coupe qui serait en exploitation chaque année.

On le doit encore moins lorsqu'il s'agit de bois résineux, parce qu'à leur égard l'aménagement devant avoir lieu en futaie exclusivement au taillis, il faudrait quarante, cinquante, soixante, quatre-vingts, cent ans et davantage pour compléter leur création, si on voulait régler celle-ci sur le moyen d'en obtenir une coupe annuelle, de manière à ne créer qu'un quarantième, ou même un centième par chaque année.

Lors de mes premiers travaux, je ne pouvais pas avoir les idées aussi fixes que je les ai eues depuis. J'avais alors plus qu'aujourd'hui l'impatience dite *française*. D'ailleurs je voyais beaucoup de choses à faire et sur beaucoup de points. L'idée de tout embrasser exerça sur moi son influence dans une matière qui se re-

fuse à l'improvisation. J'oubliai ce vieil adage :
Qui trop embrasse, mal étreint.

Il est résulté de là que j'ai été parfois obligé
de revenir à plusieurs reprises sur le même
point, non-seulement parce que je n'avais pas
appris, comme j'ai pu le faire depuis, tout ce
qu'il fallait pour savoir qu'il était possible de
faire plus et de faire mieux en faisant moins
à-la-fois, mais aussi parce que je manquais de
précédens spéciaux.

Et quand même j'aurais eu à cette époque les
connaissances et le calme que je n'ai acquis
qu'à l'aide du temps, je crois encore aujour-
d'hui que je devais hâter ma création.

Aussi, s'il me restait à créer, j'embrasserais
certainement moins à-la-fois que j'ai fait précédemment ; mais j'embrasserais encore assez
pour faire beaucoup chaque année, en m'attachant à n'embrasser qu'assez pour bien faire,
afin qu'il m'arrivât le moins possible d'être
obligé de revenir sur les travaux de préparation du sol, et sur ceux des semis ou des plantations.

S'il m'arrive encore à présent de retoucher

et d'ajouter à mes créations sur quelques points, c'est moins par nécessité absolue, que pour des perfectionnemens, d'autant plus que depuis plusieurs années j'ai maints exemples d'avoir, avec l'apparence de la nécessité, mais en définitif sans utilité, fait répéter des travaux sur des vides que deux ou trois années ont fait disparaître, par l'effet d'une végétation qui a souvent étouffé et rendu inutiles des semis et des réensemencemens que j'avais fait exécuter sur des points qui se montraient maigres.

Mais je recueille de cette expérience l'avantage d'être autorisé à croire que, nonobstant quelques points de nudité dans l'état présent de ma création, je puis, à juger de l'avenir par le passé, être persuadé que ma création est complète dans son état actuel.

Ce qui me reste à faire, mais qui est indépendant et au-delà de la création, ce sont des portions de clôtures là où, comme le long des chemins, elles ne sont encore qu'ébauchées. Ce sont aussi des perfectionnemens dans les allées et dans les sentiers que j'ai fait ouvrir sur de si grandes étendues, que le sentier de pourtour du bois de Valleville en a une de presque deux lieues. Quant à la création proprement dite, j'ai la confiance qu'elle est complète.

———————

Du reste, ma création de bois de pins, bornée industriellement à environ trois cents arpens d'ordonnance, prendra naturellement de l'extension à l'aide des années, par le seul effet de la propriété envahissante attribuée à cette essence de bois.

Cette extension, dont le temps et la nature feront seuls les frais, aura d'abord lieu dans les petits vides de bois feuillus où je n'ai pas étendu mes semis industriels. Elle aura encore lieu par la destruction lente de ces bois feuillus qui seront remplacés par les pins, parce que ces deux genres de grands végétaux sont réputés incompatibles ; que les pins sont reconnus être tout particulièrement intolérans, pour me servir de l'expression employée par M. de Malesherbes en cette matière, et d'ailleurs plus ou moins envahissans de toutes les espèces de bois feuillus.

Il en doit d'autant plus arriver ainsi dans ma propriété, que le sol s'annonce y être incomparablement plus favorable aux pins qu'aux bois feuillus ; que ce sol est usé de la production de ceux-ci, tandis qu'il est pour ainsi dire vierge de la production des essences résineuses.

* * *

En résultat, si on juge que j'aie donné, sur ma culture en bois, des détails assez circonstanciés et assez intelligibles pour la faire comprendre, et si on juge en outre que j'aie suffisamment établi qu'avec peu d'avances, et des soins qui ne doivent être que des moyens d'occupation agréable, on peut se procurer des avantages tellement considérables, qu'ils soient de quarante fois, et même beaucoup plus, la mise dehors, après qu'on est remboursé de celle-ci et de ses intérêts, de manière qu'au *minimum* on aurait pour chaque année un bénéfice de cent pour cent : alors le but de ma publication aura été d'autant plus atteint, qu'il en pourra résulter de la disposition à créer des bois de pins dans les localités où leur culture serait utile tout-à-la-fois au pays et aux créateurs, par conséquent de la disposition à se créer des moyens de bonheur, parce que la culture des bois est particulièrement une école de bonnes habitudes, de mœurs douces, de bons sentimens et de cette élévation d'idées

que nous puisons si abondamment et à si grands
flots dans les relations que nous accordent les
femmes, lorsque nous sommes assez bien nés
pour rechercher leur intérêt, qu'il est si doux
et si bon d'éprouver, et leur estime qu'il est si
avantageux d'obtenir.

FIN DE LA PREMIÈRE PARTIE.

SECONDE PARTIE,

OU

CONSEILS

AUX HÉRITIERS DE L'AUTEUR DE CETTE CRÉATION DE RICHESSE,

POUR

L'UTILISER DANS TOUS SES AVANTAGES.

CHAPITRE PREMIER,

Où j'explique quels doivent être mes successeurs dans ma Création de Bois.

Pour mieux entendre et pour trouver tout simple ce que je vais dire sur ce point, il faut peut-être que préalablement j'apprenne que, nonobstant que je sois descendant d'une famille (celle Vallée-des-Barreaux) qui, sous les quatre règnes de Charles IX à Louis XIII, fut honorée des hautes fonctions administratives d'alors, puisqu'elles étaient ministérielles, néanmoins je suis, par une de ces vicissitudes dont les exemples ne manquent pas, né de parens assez dépourvus de fortune, pour n'avoir recueilli, en 1818, que sept mille huit cent deux francs pour mon tiers dans le patrimoine paternel et maternel; et cependant mes parens étaient bon ménagers et fort laborieux. J'ai reçu d'eux l'exemple du travail et de la profession des bonnes maximes, qui sont si propres à affaiblir l'imperfectibilité humaine, tandis que les mauvaises y ajoutent et la décuplent : en sorte que descendu à ce que dans mon pays du Beauvoisis et du Valois, ainsi que dans quelques autres contrées de la France, on nommait sous Louis XIV et précédemment, *Gentil-Femme*, j'ai eu à gagner péniblement mon pain en grattant beaucoup la terre, et en noircissant bien du papier ; et d'autant plus laborieusement, qu'il m'a fallu le gagner à plusieurs fois, travailler à le défendre aussi long-temps que j'avais été à l'obtenir; et, ce qui était peut-être plus difficile encore, le soustraire à ce besoin de donner qui m'a autant dominé, lors même que je n'avais pas, que le besoin d'aimer et le besoin de travailler, parce que je me suis pénétré trop tard de la cent quarante-cinquième maxime du cardinal de Retz. Aussi ai-je été tout naturellement porté à goûter cette

autre maxime publiée par M. de Lourdoueix :
« Que la vie est une punition qu'il faut savoir
subir, puisqu'elle émane de Dieu. »

Je suis d'ailleurs privé d'épouse et d'enfans.

Je n'ai ni neveux ni nièces.

Ce que je possède, je le tiens à-peu-près exclusivement de mon travail persévérant, de
mon labeur et de mes veilles.

Ce que j'ai recueilli de mon patrimoine, je le
conserve, ou je n'en dispose que pour ma famille.

Je ne suis pas d'ailleurs riche dans l'acception
vulgaire, puisque je ne possède pas de capitaux ;
que j'ai peu de rentes, peu de terres, et point
de maisons. Si je suis riche, c'est de travail ;
c'est d'espérance, non pour moi, mais pour
mes héritiers ; et c'est, je puis le dire, de services méritoirement rendus, si obscurs et si
déguisés qu'ils aient été. Je pourrais même les
dire décuples des bienfaits dont j'ai été honoré,
si ceux-ci pouvaient être soumis à une règle
de proportion, et dépouillés de l'avantage qui
leur appartient, de m'avoir fourni le moyen
d'être bon à quelque chose dans ma traversée
de la vie.

Et, au surplus, l'emploi que je me propose
de ce lucre de pure espérance, pourra paraître

assez bien entendu, assez noble et assez élevé,
pour n'avoir pas sujet d'encourir de blâme.

Voici donc quels pourront être mes héritiers.

Après avoir, par des dispositions testamen-
taires, qui déjà ont subi l'épreuve du temps,
réglé des choses de famille, fait quelques legs
pieux, de bienfaisance et d'utilité publique;
offert des legs à l'amitié et au bon souvenir;
donné des témoignages de reconnaissance et
assuré la récompense de services ; après ces
choses, dis-je, voici à-peu-près en quels termes,
par l'article 8 de mon acte testamentaire, je
dispose du surplus de mon pécul, surplus qui
devra consister principalement dans ce qui résultera de ma création de bois ou de mon plus
utile labeur.

« Je donne et lègue le surplus de mes biens,
droits et actions à la Société royale et centrale
d'agriculture séante à Paris, et qui a été l'objet
de l'ordonnance du Roi, du 4 juillet 1814, portant son rétablissement; instituant à cet effet
la Société ma légataire universelle. »

« L'objet principal que je me propose dans
cette institution, est de procurer à la Société
centrale d'agriculture une dotation qui sera
probablement millionnaire. »

« J'y vois d'ailleurs l'avantage du meilleur moyen de procurer à la création de richesses en bois que je me trouve faire dans mon modeste domaine du vieil Harcourt (1), tout le développement que l'heureuse brièveté de la vie m'empêchera de lui donner personnellement, parce que je suis persuadé que la Société préférera de beaucoup conserver ce domaine, et employer la portion nécessaire de mes autres biens, droits et actions, à acquitter mes legs particuliers, ainsi que mes dettes si, contre mon attente, il m'arrivait d'en laisser; que, d'autre part, je ne suis pas moins persuadé que la Société trouvera évidemment avantageux pour elle-même et pour l'utilité publique, de faire continuer à cette création de bois les soins nécessaires pour en retirer le plus grand profit possible, et pour qu'à l'aide de ses soins, la chose puisse servir, sinon d'exemple, du moins de

---

(1) Je lui donne cette dénomination de *vieil*, qui n'est point usitée, pour le distinguer de la magnifique terre d'Harcourt-Thury, entre Caen et Falaise, en Calvados, appartenant à cette grande famille, dont la branche, originairement aînée, s'est éteinte, quant à la ligne mâle, à la bataille de Verneuil, en 1424; car la ligne femelle s'est assez bien perpétuée pour qu'il n'y ait pas à craindre qu'elle vienne à s'éteindre aussi.

preuve, de témoignage et de démonstration
matérielle des immenses productions qu'on peut
obtenir de la culture et de l'administration des
bois, en y apportant les mêmes soins qu'on
donne assez ordinairement à la culture arable ;
que même cette heureuse et fortunée création
de bois pourrait devenir, par la volonté de la
Société, une école théorique et pratique de la
culture des bois, de leur aménagement, de leur
meilleure exploitation, et des nombreux emplois d'utilité dont ils sont susceptibles. »

« Alors j'aurais sujet de me flatter que, durant des siècles, mon modeste domaine resterait dans les mêmes mains, qui toujours le
consacreraient à l'utilité publique ; et que, probablement, cette possession ne serait pas moins
prolongée que celle à qui j'ai succédé en 1802 :
car, pour le noyau que je possède de la grande
terre du vieil Harcourt, sa possession a duré
au-delà de sept cents ans dans la même famille,
qui comptait, parmi ses membres, Henriette,
légitimée de France, fille du bon roi Henri ; de
manière que du moins, à l'égard de ce noyau,
cette antique propriété ne serait sortie de ses
mains que pour entrer et pour rester long-temps
dans celle de la Société royale et centrale d'a-
griculture de France. »

« Alors aussi (sur-tout si , au lieu d'être bornée à un seul million, mon institution devait en produire plusieurs à l'aide de quelques lustres d'à présent), la Société aurait des moyens de rendre des services pour ainsi dire sans bornes à la culture arable, et à l'administration des bois , que j'ai particulièrement en vue. »

« Ainsi la Société pourrait avoir des fermes expérimentales. »

« Elle pourrait honorer et salarier des professeurs, des ingénieurs tant agricoles que forestiers , ainsi que des élèves; par conséquent avoir des écoles d'application, et remplir l'objet du vœu si souvent émis de l'enseignement public de l'agriculture, de manière que dans toutes les parties du royaume, les propriétaires trouveraient à volonté des sujets propres à administrer et à améliorer leurs biens ruraux , notamment dans la partie des bois, comme il y en a pour l'architecture et la construction des bâtimens ; pour la création des usines et de leurs ingénieuses machines; pour les constructions maritimes ; pour les ponts et chaussées, les fortifications , etc., chose qui remplirait si bien les vues manifestées par M. de Vauban dans ce qu'il appelait modestement ses *Oisivetés*. »

« La Société aurait également des moyens de

créer, à son propre compte, des bois dans de certaines localités où il y en a une disette affligeante, et dans celles où il importerait de salubrifier l'air, ainsi que de pouvoir reboiser des montagnes imprudemment mises à nu, de manière que, par de tels exemples, la Société enseignerait les moyens ou les procédés d'exécution, en même temps qu'elle encouragerait de semblables travaux dans toutes les contrées où ils seraient utiles. »

« Elle aurait aussi des moyens de fonder de larges prix, et de donner des accessits aux meilleurs traités, mémoires et dissertations sur des parties fort importantes, ce me semble, de l'économie politique, telles que,

« 1°. La science des idées, qui depuis longtemps me paraît si distincte, et si rarement réunie à la science d'exécution. »

« 2°. Cette science d'exécution, qui, je le répète, est rarement le partage de ceux qui, déjà, ont l'éminent avantage de la science des idées. »

« 3°. L'utilité qu'il y aurait à ce que l'une et l'autre de ces deux sciences soient professées sous le rapport de leur application à l'art agricole et forestier. »

« 4°. La division des facultés intellectuelles

de l'homme, et la division de son travail imma-
tériel. »

« 5°. Les avantages immenses qu'on obtiendrait d'une application plus générale des principes du travail matériel de l'homme, dans ce
qui a rapport à l'exécution ou à la pratique de
l'art agricole et forestier. »

« En me réjouissant de la douce et honorable
idée d'apercevoir dans l'avenir qu'avec les bien-
veillans soins de la Société centrale d'agriculture de France, les fruits de mon travail, de
mes veilles, de ma conduite honnête, sage,
modeste et laborieuse, de mes bonnes mœurs,
de mon intelligence, ainsi que de ma persévérance dans la culture des bois, pourrait conduire à tant de choses utiles à mon pays et à
l'humanité, je me hâte d'ajouter et d'expliquer
que, dans tout ce que je viens d'exprimer, je
n'entends rien prescrire, ni imposer aucune condition au legs universel qui précède toutes ces
choses. Je n'ai eu que l'intention d'émettre des
idées dont la Société, instituée ma légataire
universelle, n'aura à faire que le cas qu'il lui
plaira. »

« Mais, sans en faire non plus une condition
quelconque de mon legs universel, j'exprime
ici vivement le vœu qu'au cas où la Société

15.

royale et centrale, instituée ma légataire universelle, serait dissoute, et qu'il résultât de cette
dissolution 1°. qu'elle serait dépouillée de ce
qui proviendrait de mon legs; 2°. et que celui-ci fût dévolu à l'État, j'exprime, dis-je,
vivement le vœu que ce qui proviendrait de
mon legs fût alors attribué par le Gouvernement, soit à l'Académie royale des Sciences,
et plus particulièrement à ce qui, dans son
organisation actuelle, compose la troisième
section dite *d'économie rurale et d'art vétéri-*
naire, soit à une autre corporation analogue
aux attributions actuelles de la Société instituée
ma légataire universelle, ou bien enfin à la
ville de Rouen, qui au titre de capitale de
l'ancienne province où se trouve mon domaine
du vieil Harcourt, joint l'avantage d'en être à
proximité et d'avoir des moyens plus particuliers d'en utiliser les produits, ainsi que de les
faire servir de preuve démonstrative des améliorations que les autres propriétaires de la
province pourraient faire tout-à-la-fois à leur
profit et à celui du pays, et qu'elle soit (cette
attribution) réglée par les mêmes pouvoirs que
ceux qui, comme aujourd'hui, sont appelés à
former les lois proprement dites. »

Par l'article 9, je prévois le cas où mon legs

n'aurait aucune suite à l'égard de la Société centrale d'agriculture ; et alors j'institue pour mon
légataire universel le plus jeune des enfans de
M. le premier président de la Cour royale de
Rouen, et à son défaut celui de M. le Préfet
de l'Eure. Puis j'ajoute :

« Ma disposition a pour motif des vues ana-
logues à celles qui m'ont porté à l'institution de
l'article précédent ; je veux dire qu'en appli-
quant subsidiairement cette institution à la famille de l'un des premiers magistrats du pays
de ma création de richesses, j'ai la confiance
qu'en choisissant mon successeur dans ces or-
dres élevés de la société, il s'associera à mes
vues, et qu'il ne séparera pas les avantages matériels que je me plais à croire qu'il en recueil-
lera, de la satisfaction de faire de cette création
de richesses en bois, un exemple de tout le bien
qu'on peut faire aux autres en s'en faisant à soi
et aux siens ; que, par conséquent, mon successeur s'attachera à faire gérer, administrer
et gouverner les bois de ma création et de ma
restauration de la manière la plus profitable
à lui et à la société, sous le double rapport du
produit en matière, en sachant se défendre des
jouissances prématurées, et du renouvellement
de la production, avec le même zèle qu'on peut

apporter à recueillir les bénéfices de celle-ci. »

« C'est aussi dans cette confiance que je laisserai, pour ceux ou pour celui qui me succédera, une instruction explicative de ce que, d'après mes connaissances théoriques et d'après ma culture-pratique, je crois le plus avantageux 1°. pour la continuation de la culture ou le gouvernement de ce que j'aurai semé et planté en bois; 2°. pour l'aménagement; 3°. pour l'exploitation ; 4°. et pour le renouvellement ainsi que pour la perpétuité du tout; non que je veuille faire une condition de suivre cette instruction, parce que je puis errer; parce que les lumières actuelles augmenteront, et parce que les circonstances, comme le temps, amèneront des modifications dans ce qui même serait reconnu bien aujourd'hui; mais j'ai seulement pour objet d'offrir, à cet égard, une opinion formée en connaissance de cause, pour qu'on n'y ait que la considération qu'on croira qu'elle mérite. »

On pourra trouver déplacé que je donne pour certaine et assurée une disposition qui, par la forme que j'ai adoptée, est essentiellement révocable, et que je n'aie pas pris en considération les remarques uniformément faites par tous les observateurs du caractère humain, en ce que tous sont d'accord qu'il est d'une versatilité et d'une mobilité pour ainsi dire journalières, tellement, que Montaigne, après avoir dit que « c'est un objet merveilleusement vain, divers et ondoyant que l'homme, ajoute qu'il est mal aisé d'y fonder un jugement constant et uniforme. »

Mais j'observerai, que j'ai sujet d'avoir confiance dans l'irrévocabilité de mon institution, non-seulement parce que je tiens de la nature beaucoup de fixité dans le caractère et beaucoup de persévérance dans les idées qui me paraissent bonnes et honnêtes, mais aussi parce que ma détermination n'est pas l'effet d'une pensée récente, ni d'une de ces idées subites si sujettes à n'être que fugitives. C'est d'ailleurs une chose toute simple et fort naturelle dans ma position, et si elle avait besoin de justification, je la trouverais dans de nombreux exemples, notamment dans de très-modernes. Ce qui peut encore augmenter ma confiance, c'est qu'elle est en grande harmonie avec les idées qui m'ont préoccupé depuis, pour ainsi dire, ma naissance, et avec tout ce qu'il m'est arrivé de faire et d'éprouver dans mon obscure car-

rière. Cette détermination a même pour garant de sa perpétuité l'épreuve des années, puisque, sauf son application à telle corporation
plutôt qu'à telle autre, elle a une adoption de
plusieurs lustres. J'ajouterai que les exemples
répétés dont je parlais tout-à-l'heure m'en-
courageraient et me fortifieraient, au besoin,
dans la conviction où je suis que c'est bien
agir que de faire une disposition de cette honorable espèce, de la réaliser et d'y persister;
qu'elle me sourit depuis long-temps; qu'elle
exerce une heureuse influence sur ma bonne
conduite; qu'elle me nourrit l'âme et le cœur,
et que, par conséquent, je puis me flatter d'y
persévérer jusqu'à la fin de ce que M. de Lourdoueix appelle *la punition de la vie.*

« On pourra aussi blâmer que je n'aie pas ap-
pliqué cette disposition de caractère à des affections individuelles. »

« Mais j'ai toujours considéré, que mon institution, en faveur d'une corporation, était,
par la nature même des choses, plus propre à
remplir l'objet d'utilité que je me propose, que
ne le serait une institution individuelle. Celle-ci
serait beaucoup plus que l'autre susceptible d'é-
prouver les variations et les chances de la mobilité perpétuelle du caractère humain, ainsi

que l'influence des besoins réels ou factices d'argent qui multiplient constamment, et sous tant de formes, leurs sollicitations autour de nous (1).»

Si je n'avais pas été déterminé par une cause d'utilité publique, j'aurais éprouvé beaucoup de satisfaction à faire et à voir agréer l'hommage de ma création de bois à une des personnes de la famille d'Harcourt, et plus particulièrement à la postérité de Madame la princesse de Noailles-Poix, qui, depuis un acte de licitation, de l'année 1784, avec M. le duc de Richelieu-Fronsac, descendant ainsi qu'elle des derniers princes de Guise, était devenue seule propriétaire de tout l'ancien comté d'Harcourt (2), qui, nonobstant la distraction du

____

(1) Expressions de M. Bonard (page 24) dans l'ouvrage trouvé si remarquable, qu'il vient de publier à l'occasion du *Code forestier,* sur la belle pensée que M. de Monville, pair de France, et lui ont manifestée, il y a déjà plusieurs années, de doter le Ministère de la Marine de manière à ce qu'il trouve, dans la France même, de quoi suffire à ses besoins si graves et si éminemment importans; et aussi de manière à ce que les propriétaires soient enfin affranchis du droit de martelage, qui pèse encore sur eux.

(2) Ce comté a passé dans cette branche de la maison de Lorraine par le mariage que fit, après la mort de Jean d'Harcourt, comte d'Aumale, tué à la bataille de Ver-

duché d'Elbœuf, du comté de Brionne, de celui de Lillebonne, de la belle baronnie de Neubourg, etc., était encore alors une des grandes
et des plus antiques terres de l'ancienne Neus-
trie.

Alors la descendance de Madame la princesse
de Noailles-Poix, qui, en 1786, pour environ
les trois quarts, et en 1801 et 1802 pour le surplus, a retiré au-delà de douze cent mille francs
de cette ancienne terre de famille, aurait pu,
par la possession d'une seule de ses parties, re-
devenir propriétaire d'une valeur supérieure,
et peut-être de beaucoup, à celle qu'a eue le
tout dans ses mains.

Et alors aussi j'aurais eu l'avantage de joindre mon respectueux hommage à tous ceux si
constamment et si unanimement rendus aux ver-
tus de Madame de Poix. Si je me prive de cette
précieuse satisfaction, c'est, je le répète, parce
que je suis déterminé par des vues d'utilité publique, qui obtiendront peut-être l'approbation
de cette Princesse.

---

neuil, en 1424, Marie d'Harcourt, sa sœur aînée, avec
le comte de Vaudemont, et il resta dans cette famille
presque quatre cents ans, après en avoir été auparavant
plus de trois cents dans la branche mâle aînée de la grande
famille d'Harcourt, dont il a été le berceau.

CHAPITRE II,

Consacré à examiner les Points généraux auxquels j'estime qu'il convient de se fixer pour l'Aménagement et pour l'Exploitation des Bois de ma Création, ainsi que pour leur Renouvellement ou leur Perpétuité.

Si les produits de cette création justifient ce que je m'en promets et ce que j'en conjecture, il en résultera que l'objet principal de l'institution que j'ai fait connaître au chapitre précédent, sera suffisamment rempli par les avantages pécuniaires qu'ils donneront; qu'ainsi on pourrait s'arrêter et se borner à la première récolte définitive, c'est-à-dire à celle dont j'ai fait la préparation par ma culture ou ma création, sans qu'il soit nécessaire de la perpétuer, parce que ses produits seraient assez élevés pour fournir les moyens de réaliser soit les idées que j'ai indiquées, soit toutes autres; et sur-tout pour qu'il en résultât la démonstration de la possibilité, et je pourrais dire de la facilité, de créer de grandes richesses en bois résineux, ainsi que de reboiser, avec une grande promptitude, les localités où ce serait utile.

Alors, le capital pourrait être assez considérable pour que mes successeurs aient à examiner s'il leur convient d'en faire un placement pour en obtenir un revenu annuel; ou si au contraire il serait plus avantageux de l'employer jusqu'à son épuisement, à faire des choses utiles, comme celles dont j'ai parlé, ou toutes autres.

Mais il serait digne d'eux, de ne pas s'arrêter à la production que je me serais tant plu à leur préparer. Il devrait, ce me semble, leur convenir d'étendre leurs soins au renouvellement de cette production et même à sa perpétuité, si l'abondance des produits n'est pas dans le cas de les en détourner, afin d'offrir un exemple de ce renouvellement et de cette perpétuité de production; et sur-tout un exemple des moyens de tenir perpétuellement boisées des localités qu'il serait dangereux de mettre ou de laisser à nu.

Alors, et ainsi pourvus de premiers, mais de notables bénéfices, il ne serait pas moins digne de mes successeurs, d'étendre leurs soins à un autre genre d'amélioration, en s'attachant aux belles espèces d'arbres qui donnent de meilleurs bois, préférablement aux espèces hâtives et inférieures, auxquelles j'ai dû de beaucoup donner la préférence, non-seulement parce qu'il importait d'arriver plus tôt à se procurer les moyens de faire mieux; mais aussi parce qu'il était essentiel et indispensable d'améliorer préalablement le sol dégradé où je cultive, par le *détritus* d'une production inférieure, pour le préparer à des produits supérieurs, auxquels il se serait d'ailleurs plus ou moins refusé de prime-abord.

Je dois, sur les grands avantages de ce *détritus*, beaucoup aux bienveillantes communications qui m'ont été itérativement accordées, dans ces derniers temps, par M. le vicomte Héricart de Thury. Ces avantages sont généralement indiqués; mais il appartenait plus particulièrement à M. de Thury d'en offrir des preuves positives et circonstanciées, parce que, aux avantages de ses grandes connaissances dans les sciences comme dans la haute administration, il joignait celui d'un séjour de dix ans dans les Alpes, où il a tant observé; et de plus l'avantage d'être possesseur, dans sa terre de Thury, en Valois, près Villers-Cottrets, d'une des plus belles, des plus riches, des plus rares

et des plus grandes créations de bois résineux,
tels que cèdres du Liban, cèdres de Virginie,
mélèzes, pins laricios, pins sylvestres, pins
d'Amérique de diverses espèces, sapins, épicéas (1), tous classés par familles, et placés

---

(1) M. de Thury ayant bien voulu me gratifier, au mois
de novembre 1826 de pommes ou cônes de ceux de ses
pins d'Amérique qui lui sont connus pour être des espèces
mitis (*) *variable*, *tœda*, et *rigida*. Je me propose d'en
utiliser les graines sur le quatorzième sillon de mon ancien verger, dépendant du premier Morceau, qui a été
l'objet du chapitre II de la 1re. partie. Elles tiendront la
place que je destinais là aux graines de pin sylvestre
d'Écosse, dans la ligne du milieu des petits défrichemens
transversaux de ce sillon, et ils seront en avant ou au
midi du pin laricio de Crimée, et du pin de Chine ou
massoniana, qui y ont été transplantés le jour de la Saint-
Charles 1826.

Ayant aussi reçu de Malmaison des graines de deux
variétés du *pinus montana*, et du pin qu'on y dit être du
laricio de Caramanie, je me propose de les semer aussi
dans cet ancien verger, mais sur le treizième sillon parallèle au quatorzième, en prenant pour point de départ
l'extrémité de l'ancien potager, du Petit-Pré, et du

(*) A en juger par ses pommes, ce pin mitis est différent de celui que
M. Duhamel appelait *de New-Jersey*, et que probablement à tort j'ai,
pages 13 et 148, dit être appelé aussi du nom de *mitis*. Les graines de ce
pin de New Jersey proviennent d'un don de M. Duhamel de Fougeroux,
qui en possède les arbres semés à Vrigny par M. son oncle.

aux expositions ainsi que sur les sols qui leur sont les plus favorables. Ce bel établissement, exécuté sur une grande échelle, puisqu'il s'étend à soixante arpens, et qui accompagne si magnifiquement les autres créations faites dans la terre de Thury, en bois feuillus, notamment sur toute la superficie de la montagne de Saint-Martin, d'une contenance de deux à trois cents arpens, est dû à M. de Thury; et comme il remonte au temps de M. son père, il a, dans beaucoup de ses parties, l'avantage d'être âgé d'environ quarante années d'à-présent; ce qui a fourni le moyen de faire utilement des recherches et des vérifications sur ce point de science forestière. Or, M. le vicomte de Thury s'étant occupé, malgré ses fonctions publiques si multipliées, d'en faire en très-grand nombre,

---

bosquet de l'ancien champ de lin , parce que le sillon fort irrégulier qui les touche , compte pour le premier des quinze de tout cet ancien verger.

Je semerai encore sur ce treizième sillon des graines du pin résineux, dont il m'a été donné des cônes à la pépinière du Roi, au Roule, quoique je doute de leur maturité, parce que je crois que dans cette espèce, semblable en cela au cèdre du Liban , les graines n'atteignent toute leur maturité qu'à la troisième année de la formation des cônes.

avec autant de soin que de détail , et ayant eu la bonté de m'en accorder la communication à la suite de son dernier séjour d'automne dernier à Thury, je puis proclamer comme vérité élémentaire, que le *détritus* des feuilles ou aiguilles des arbres résineux, quoique excessivement variable dans son étendue d'épaisseur et dans sa formation, ou la décomposition qui le produit, selon les espèces, selon aussi les sites, les expositions ou au contraire l'abri des vents, la nature du terrain, et d'autres circonstances; néanmoins il est toujours plus ou moins abondant; qu'il l'est beaucoup plus que celui que produisent les feuilles des arbres ordinaires ou arbres à feuilles caduques; et sur-tout qu'il est éminemment doué d'une grande vertu végétative, due probablement à ce qu'il est plus chargé de carbone.

Ainsi il importera beaucoup, et il faudra, selon moi, mettre beaucoup de prix, sous le point de vue non-seulement de la meilleure végétation des arbres de ma création, mais aussi de la prospérité des arbres qui leur succéderaient immédiatement, ainsi que de la perpétuité de la production du sol, en espèces supérieures à celles que j'ai été dans le cas d'y établir, de ne pas se priver de ce précieux avan-

tage, par un motif de bienfaisance mal entendue envers des familles qui peuvent être né-
cessiteuses, mais auxquelles on ne pourrait faire
pour vingt sous de bien qu'au prix de cent
francs de dommage. Cet avantage est tel, et ce
point de culture me paraît si important, que je
me propose d'y revenir au chapitre IV, termi-
natif de cette seconde Partie.

D'un autre côté, pour les personnes qui
croient que les bois doivent, comme les productions céréales, être assujettis aux grands
principes de l'assolement, quoiqu'à des dis-
tances qui peuvent être de plusieurs siècles, il
paraîtra nécessaire, pour la meilleure qualité
comme pour la plus grande quantité de la production, de varier celle-ci : ainsi de faire succéder une espèce de pin à une autre; et c'est
probablement à l'oubli ou à l'inobservation de
cette règle fondamentale de la bonne culture
des bois, autant qu'à la privation qu'on leur
fait éprouver du *détritus* résultant de la chute
des aiguilles de pins, parce qu'on y souffre
leur ramassis par les familles mal-aisées du pays,
que les propriétaires des bois de pin maritime
du Maine doivent la maladie du champignon, qui
attaque si fréquemment cette espèce de pin dans
leur contrée, puisque la première génération ou

la première production n'en est jamais atteinte ; tandis qu'à des degrés toujours croissans, la se- conde et autres subséquentes productions qui s'y renouvellent sur le même sol, en sont toujours plus ou moins attaquées, probablement à cause de l'épuisement qu'éprouve le sol par la soustrac- tion qu'opère la main de l'homme, de l'engrais naturel et tout particulièrement restaurant, que sans cela il recevrait en si grande abon- dance et en vertu si fortement végétative, plus encore qu'à l'oubli du principe-mère de l'asso- lement.

Mais, en me restreignant à ne parler ici que de ce qui concerne les produits que je me pro- mets de ma création de bois de pins, j'ai à rappeler avoir expliqué, au chapitre VI de la première Partie, que ce qui m'en paraît devoir être le plus avantageux et le plus propre à don- ner des profits considérables, est l'aménage- ment en arbres propres à fournir du bois d'œu- vre, notamment en charpente et en menui- serie.

Ainsi, à mon avis, il faut tendre, dans les bois de pins de ma création, à avoir, autant que possible, de ces arbres, et diriger leur édu-

cation vers ce but, de manière à se borner jusque-là aux seuls profits que peuvent donner
les éclaircissemens, détassemens, nettoyages
et extractions des sujets nécessaires à supprimer pour la plus grande prospérité de ceux
qui seraient reconnus être les plus propres à
remplir l'objet qu'on doit se proposer; et pour
cela se pénétrer de cette observation cardinale
de Varennes de Fenille, qu'avec moins d'arbres
on peut avoir plus de bois qu'on n'en aurait
avec un plus grand nombre, outre qu'alors il
est de meilleure qualité, qu'il est susceptible
de rendre plus de services à la société, et qu'il
promet plus de valeur au maître.

Pour cela, il importera de savoir attendre
toute la maturité de ces arbres définitifs.

Et pour mieux juger de cette maturité, ou
pour en juger moins imparfaitement, il me
semble indispensable d'avoir dans chaque massif des arbres d'expérience tels que j'en ai établi
dans la plus grande partie, pour arriver à connaître leur accroissement annuel, et par conséquent le ralentissement qu'ils éprouveront,
ainsi que son entière cessation, puisque la circonstance de celle-ci est réputée être un signe
positif de cette maturité, à la différence de la
cessation de la végétation en hauteur, qui est

réputée pouvoir cesser, sans pour cela que les arbres cessent absolument de profiter, parce qu'alors la sève, ou les moyens de vie active des arbres, se porte en entier sur le grossissement en même temps que sur le perfectionnement de la qualité du bois.

Et si on voulait joindre à l'étude du grossissement celle de la végétation en hauteur, ce second moyen serait tout particulièrement facile dans les espèces d'arbres verts dont j'ai couvert mes anciennes landes et les nombreuses clairières de mes anciens bois, parce que la pousse annuelle des pins se manifestant dans son étendue par une flèche toujours accompagnée de branches verticillées qui en déterminent la longueur, il ne peut pas y avoir d'équivoque ni d'hésitation, à en juger à la première vue des objets, à la différence des cèdres, des mélèzes, et de quelques autres arbres verts, où ce moyen de juger de la pousse annuelle des arbres en hauteur, n'est ni si caractérisé ni aussi frappant.

On m'a bien objecté, sur les avantages pécuniaires, de n'abattre les arbres qu'à leur âge d'entière maturité; que la propriété des bois variant avec l'âge des arbres, celles qu'on recherche le plus, et qui leur donnent une plus grande valeur, devancent quelquefois cette époque de leur entière maturité ; qu'ainsi, par exemple, les jeunes mélèzes conviennent mieux pour la mâture que ceux parvenus au terme où l'accroissement en hauteur est arrivé à sa limite, parce qu'ils sont tout-à-la-fois plus forts et plus élastiques que ceux-ci. Or, a-t-on ajouté, l'intérêt des propriétaires étant de connaître les variations de qualités et de prix, afin de mieux choisir le moment où l'exploitation de leurs bois sera la plus avantageuse, il est évident qu'il faut, pour obtenir cette connaissance, un autre moyen que celui de l'observation ou de l'étude du grossissement annuel, puisqu'il n'est applicable qu'au seul cas où il y a intérêt à n'exploiter les arbres que lors de leur parfaite maturité (1).

---

(1) C'est M. Ferry père, avantageusement connu dans les lettres, qui m'a accordé cette critique lors du compte qu'il voulut bien rendre dans la *Revue encyclopédique*, cahier de février 1826, de mon *Traité pratique de la culture des pins*.

J'ai plusieurs autres obligations à M. Ferry, entre autres, celle d'avoir signalé une grande erreur sur la patrie du célèbre cèdre du Liban, échappée à M. Loiseleur Deslongchamps, et qui avait été répétée par M. Baudrillart, dans son *Dictionnaire forestier*, auparavant que je la répète moi-même. M. Ferry ayant séjourné plusieurs

Mais je crois qu'on peut répondre, avec beaucoup d'avantage, qu'en confirmant ainsi le

---

années en Sibérie, il a eu un moyen tout particulier de
s'assurer que ce roi des arbres verts n'y existe pas ; mais
bien le pin-cimbro qui, à la vérité, possède dans cette
contrée de superbes dimensions, dont il est privé dans nos
Alpes. La grande érudition de M. Ferry lui a d'ailleurs
donné aussi le moyen d'expliquer de la manière la plus
satisfaisante la cause de cette erreur, qui provient un
peu de ce que Pallas avait pris l'habitude de donner aux
arbres qu'il décrivait le nom vulgaire du pays où il les
trouvait. Or le pin-cimbro recevant des habitans de la
Sibérie le nom de *kedr,* il est arrivé, d'autre part, que
le traducteur allemand lui a donné cette dénomination,
nonobstant que la description n'y convînt pas, ce qui a
entraîné la répétition de l'erreur dans la traduction française ; mais elle a été explicitement réparée dans la *Flora
rossica* de Pallas, qui, page 7 du tome Ier. de l'édition
latine, lui a restitué son nom de *pinus cimbra.* De son
côté, M. Ferry a donné un moyen de ne plus propager cette
grave erreur botanique, en s'empressant, depuis son retour en France, de publier, sur ce point de science, des
détails circonstanciés qui ont été insérés dans le cahier
d'avril 1818 de la *Bibliothèque physico-économique.*

M. Ferry a bien voulu encore signaler dans ses critiques et m'expliquer avec beaucoup d'obligeance, tant de
vive voix que par lettres, d'autres rectifications que j'aurais à faire, notamment à l'occasion des sapins, tels entre
autres que le *pechta* des Russes, dont je me trouve pos-

principe que je n'ai que rappelé et non créé,
et en m'objectant qu'il est, comme tout, sujet à des exceptions, on n'a peut-être pas suffisamment écarté l'application que j'ai faite de
ce principe à l'utilité de n'exploiter les pins
qu'à tout leur âge de maturité; car s'il est vrai
que certains arbres, tels que les frênes et les
jeunes mélèzes, soient recherchés, les uns pour
le charronage de luxe, et les autres pour la
mâture, préférablement aux sujets d'une maturité parfaite, et qu'en raison de cela, leur
matière soit payée un peu plus cher, et je tiens
de M. d'Aldringen, carrossier du Roi, que pour
le frêne c'est un cinquième (1), il est égale-

---

séder un sujet, issu des trois graines qui m'en ont été
données par M. Bosc au printemps 1826. S'il arrive que
j'en aie l'occasion, je mettrai à profit, avec autant de reconnaissance que d'empressement, ces bienveillantes
communications de M. Ferry.

(1) M. d'Aldringen, en me confirmant ce qu'il m'avait
précédemment dit sur ce point, m'expliquait, le 18 novembre 1826, qu'il entendait la plus-value d'un cinquième, de cette façon, qu'une pièce ou solive de bois de
frêne parvenue à sa maturité, se payant dix francs, pareille quantité de matière en jeunes frênes vaudrait douze
francs. Il m'ajoutait que la cause de cette plus-value était
la plus grande souplesse ou la plus grande flexibilité de

ment vrai que ces jeunes arbres n'ont guère alors que le quart de la matière qu'ils auraient eue au double de cet âge, c'est-à-dire à l'époque de toute leur maturité. D'où je conclus que l'intérêt bien entendu du propriétaire qui n'est pas commandé par le besoin, est de ne vendre ses arbres qu'à cet âge d'entière maturité, puisque dans le double du temps il a le quadruple de matière, et que le bénéfice du cinquième n'équivaut pas à beaucoup près à l'avantage du double de matière (1).

J'insisterai sur ce point, devenu fort grave par l'effet de la rareté du bois de service, en

---

bois du jeune frêne, qui par là était, plus que celui du vieux, particulièrement propre aux ouvrages qui, comme les brancards, réclament d'être cintrés; et pour lui cette qualité est plus précieuse, parce que les jantes des roues qu'il fait exécuter dans ses ateliers, étant d'une seule pièce, il a besoin d'un bois qui se prête beaucoup au cintrage, puisque, dans cet emploi, il lui donne exactement la forme d'un cercle.

(1) En effet, dans le cas du jeune frêne, on peut bien avoir pour deux récoltes, en quatre-vingts ans, vingt-quatre francs pour deux solives, supposé qu'on ait eu le soin de replanter après la première récolte; mais, dans l'autre cas, on a quarante francs pour quatre solives, sans recourir à ce soin.

disant que, s'il est utile, comme l'a judicieuse-
ment observé M. Ferry, que les propriétaires
sachent que certains de leurs arbres, le frêne,
par exemple, sont susceptibles d'emplois plus
avantageux, dès moitié de leur âge de maturité, il n'est pas moins nécessaire, et il importe beaucoup, pour apprécier cet avantage à
sa juste valeur, de considérer qu'en coupant
ainsi à moitié de cet âge, on n'a qu'un cinquième de plus en valeur, à volume égal ; qu'on
peut bien, avec des soins de repeuplement qui
ont si rarement lieu dans la pratique, se procurer deux récoltes pour une ; mais que ces deux
récoltes réunies n'équivalent cependant qu'aux
six dixièmes de ce qu'on aurait eu à l'âge d'entière maturité, sous la charge de la dépense et
des soins qu'aurait exigés le repeuplement : de
manière que, pour ne pas éprouver une perte
de quatre dixièmes, il faudrait avoir eu la sa-
gesse de capitaliser le produit retiré de la première récolte, et avoir eu le bonheur d'en faire
un emploi qui ait échappé à des chances mal-
heureusement trop répétées. Or, cet emploi est
lui-même une chose qui se fait trop rarement
dans la pratique, pour qu'on puisse en faire
raisonnablement la base d'un calcul. Ce qui arrive ordinairement, c'est une consommation

du produit en jouissances, qui ne sont certainement pas sans influence sur le bonheur de la vie, mais qui ne laissent pas, à beaucoup près, des traces aussi utiles qu'un presque doublement de richesse pour soi au moral, et au matériel pour les siens.

J'ajouterai, au sujet de l'application que fait M. Ferry de son objection au mélèze, que sa justesse est révoquée en doute, parce que je tiens de M. le baron de Monville, pair de France, qui possède des connaissances toutes particulières sur cette précieuse espèce d'arbres résineux, que le bois des jeunes sujets se dessèche plus rapidement que dans les autres espèces, et qu'il perd alors l'élasticité qui l'avait fait rechercher, comme l'a dit avec raison M. Ferry; et cette assertion de desséchement rapide peut d'autant moins être révoquée en doute, qu'elle serait au besoin justifiée par l'attestation de M. Knowles, secrétaire du comité des inspecteurs de la marine royale d'Angleterre, exprimée dans l'ouvrage qu'il a publié sur les bois employés aux constructions maritimes, ouvrage reconnu si utile, que M. de Chabrol, ministre de la marine, en a fait faire la traduction, qui a été imprimée en 1825.

D'ailleurs, n'ayant à m'occuper que du pin

maritime, et un peu seulement du pin sylvestre d'Écosse, qui n'est que secondaire dans ma
culture, exclusivement à toutes les autres espèces d'arbres, tant résineuses que feuillues,
puisque ce sont à-peu-près les deux seules qu'on
trouvera et qui résulteront de ma culture personnelle, je dois me circonscrire dans le cercle
de ce qui est propre à ces deux seules espèces.
Or, je doute que ni l'une ni l'autre aient,
comme l'a constamment le frêne, des qualités
qui les rendent tout particulièrement propres
à un emploi assez avantageux, pour qu'à moitié de leur âge de maturité, un volume de leur
bois, égal à celui d'un sujet qui aurait acquis
toute sa maturité, obtienne une valeur en argent d'un cinquième de plus que celui-ci.

Aussi, mais sauf ce qu'on en saurait et que
j'ignore, ou ce qu'on en découvrirait à l'aide
du temps, et sauf encore l'utilité qu'on saurait
retirer d'une jouissance précoce, j'insiste sur la
préférence qu'il y a sujet, selon moi, de donner au système de n'exploiter les pins de ma
création que lors de leur entier accroissement,
ou de toute leur maturité.

—————

D'un autre côté, je propose à mes successeurs
de prendre en considération ce que j'ai eu oc-

casion de dire sur cette partie de la culture des pins, au chapitre XI du *Traité pratique* que j'ai publié il y a un an, et dont tout ceci n'est qu'une suite, en y observant l'utilité, ou plutôt la nécessité absolue de n'abattre les arbres de pins propres à l'œuvre, qu'en croissance de lune, hors sève autant que possible, et de hâter le débitage de leurs tiges, en faisant tout ce qu'il faut, comme disent mes pairs et maîtres du pays du Maine, pour faire de la bonne besogne et avoir de la bonne marchandise.

Et je rappellerai l'utilité d'exploiter de façon à déraciner les arbres, comme je l'ai observé aux pages 199, 203 et 204 de ce *Traité*.

Ce mode d'exploitation, qui est fort usité dans le Maine, et qui accompagne toujours la savante méthode allemande, serait tout particulièrement utile, si mes successeurs se déterminent au renouvellement de la production que je leur aurai préparée, par le remuage du sol qui en résulte.

Et lors même qu'ils croiraient devoir ou qu'ils voudraient se borner à la première production, ce travail d'extraction des souches serait encore une bonne chose, puisqu'il en résulterait le double avantage d'un moyen de travail et d'un moyen de consommation.

CHAPITRE III,

Où je conjecture l'Application qu'il y aura à faire de ces Points généraux à chacun des Bois de ma Création et de ma Restauration.

————

Maintenant, si j'examine ce que je prévois qu'il conviendra de faire, depuis l'époque actuelle jusqu'au moment de la récolte définitive de ce que j'ai semé et planté en essences résineuses, je trouve que, pour mieux remplir ce but, il faut en revenir à considérer chacun de mes bois distinctement l'un de l'autre.

Bois du Parc.

Il conviendra, ce me semble, à son égard comme à celui de toutes les autres parties de ma création, d'étudier chaque année, et préférablement de la mi-août au 1er. octobre, la pousse de l'année, sous le double point de vue du grossissement et de la hauteur.

D'un autre côté, il conviendra aussi d'examiner massif par massif les éclaircissemens,
élagages et nettoyages qu'il serait utile d'y faire
exécuter, sans pour cela se fixer à un ordre ri-
goureusement régulier, quoique ce fût plus
commode; car, ce que j'en ai étudié jusqu'à
présent me porte à croire qu'il est préférable de
se conduire d'après ce qui sera reconnu nécessaire, à la suite de cet examen, plutôt que
d'adopter le système d'un ordre de nettoyage
tous les trois ou quatre ans, comme je l'avais
conjecturé auparavant d'avoir été éclairé sur
ce point par l'expérience, qui m'a fait apercce-
voir que l'utilité des éclaircissemens et des élagages dans les bois de pins, était sujette à des
variations ou à des degrés, exclusifs d'un ordre
fixe et absolu.

Il est probable que ces nettoyages deviendront moins nécessaires à mesure qu'on avan-
cera en âge, et que, vers vingt-cinq ans pour
les pins maritimes, ainsi que vers cinquante
pour les pins sylvestres, il n'y aura plus guère
d'autres extractions à faire que celle des arbres
morts ou malades, dont il faudra toujours s'attacher à purger mes bois de pins, parce que
les bois de cette classe demandent plus impé-
rativement que d'autres à être tenus dans un

grand état de propreté, pour prévenir la naissance et la multiplication des insectes, qui sont
nuisibles à leur prospérité, comme je l'ai observé au chapitre XII du *Traité pratique de la
culture des pins*, page 256 et suivantes.

Du reste, j'estime que, sauf quelques points
que j'indiquerai dans un moment, il convient
de tendre, dans le bois du Parc, à n'avoir que
des pins de l'espèce maritime, exclusivement
à ceux sylvestres, à moins qu'il arrive qu'on
ait sujet de croire que la végétation de ceux-ci
est plus active, meilleure et plus avantageuse
que celle des pins maritimes.

Ainsi, dans la vente N°. 1ᵉʳ., les détassemens s'y exécuteraient de manière à n'avoir en
définitif que des pins maritimes; et comme
ceux qui y dominent seront les sujets provenus
des semis de 1823 et 1824, ce ne sera probablement que vers 1863, qu'il y aura lieu d'en
faire la coupe définitive.

Mais il pourra convenir de devancer cette
époque, d'environ douze ans, pour les sujets
provenus des premiers semis, si on ne trouve
pas que leur exploitation cause du dommage
au surplus, ou que le dommage soit inférieur
à la perte que ferait éprouver l'attente de cet
espace de douze années après la maturité de

ces arbres originaires. D'ailleurs pour en moins éprouver, on pourra employer le moyen de l'ébranchage préalable des sujets à abattre, comme le conseille dans cette position M. Dralet, page 194 de son *Traité des forêts d'arbres résineux*.

Dans les ventes N°s. 2 et 3, il se trouvera beaucoup de pins sylvestres d'Écosse, et dans leurs parties au nord il y aura, en pins maritimes et d'Écosse, des sujets beaucoup plus jeunes que ceux résultés des premiers semis; mais je n'en conjecture pas moins qu'il sera bon de faire coupe nette à l'époque de la maturité des premiers pins maritimes, auxquels on sacrifiera, sous le rapport de leur défaut de maturité, les pins sylvestres originairement semés, ainsi que les pins de l'une et l'autre espèce semés plus récemment.

Il en devra être probablement de même pour les épicéas et pour les mélèzes.

Mais je suis disposé à croire qu'il conviendra de faire une exception pour les pins de Riga, sur-tout si on leur reconnaît, dans la végétation, une différence qui leur donne de l'avantage sur les autres pins.

Dans la vente N°. 4, il pourra y avoir sujet de distinguer la partie au levant, de l'allée qui

la divise, du nord au midi, en deux portions,
d'avec la partie au couchant de cette allée.

Celle au levant se composant exclusivement, ou à-peu-près, de pins maritimes, il
pourra y avoir sujet de les exploiter vers quarante ans, à partir de l'année 1820.

Mais la portion au couchant devant être com-
posée à-peu-près uniquement de pins sylvestres d'Écosse, ce pourra être le cas d'en ajourner la coupe à leur époque de maturité, en
étudiant celle-ci, et en prenant en considération l'extrême aridité du sol.

Dans la vente N°. 5, j'estime qu'on devra se
régler par la maturité des pins de l'espèce maritime, semés en 1818 et 1819, et que les
pins sylvestres devront leur être sacrifiés sous
le rapport de tout leur accroissement, s'il en
restait après les détassemens à y faire.

J'en dis autant pour la vente N°. 6, dont
les principaux semis sont du printemps 1820;
mais j'appelle l'attention sur l'utilité qu'il y
aurait d'en excepter les pins de Riga qui y
existent, et aussi les pins sylvestres d'Écosse
de l'annexe de cette vente, parce qu'elle forme
un morceau à part, et que ne s'y trouvant que
des pins de cette espèce, il pourrait d'autant
plus convenir d'attendre leur maturité, que

toute la vente N°. 7, qui y touche, sera dans ce cas d'attente.

Quant à cette vente N°. 7, ainsi qu'à son annexe, où il n'y a et où il ne peut y avoir que des pins de l'espèce sylvestre, je pense qu'il conviendra d'attendre toute leur maturité, en prenant en considération l'époque de leur semis, et quelquefois celle de leur transplantation, énoncées au chapitre II de la première Partie.

Dans la vente N°. 8 il ne devra y avoir, en définitive, que des pins maritimes, parce que ceux sylvestres leur seront sacrifiés lors des éclaircissemens, et que le peu qui en pourra rester, notamment aux places où il a été fait des transplantations, y sera en trop petit nombre pour ne pas se régler sur l'âge de maturité des maritimes, maturité qui, devant arriver à environ quarante ans, pourra être complète vers l'année 1862.

Quant aux pins des ventes N°. 9 à 12, on pourra, je crois, les placer dans la même classe, en les rapportant tous à l'espèce maritime, et les exploiter vers l'année 1866, qui sera le terme moyen de leur âge de maturité, si elle a lieu vers quarante ans du semis; mais on en pourrait excepter ce qui serait nécessaire à la

décoration du grand parterre, et les pins sylvestres de l'ancienne pépinière du Petit-Pré.

En résultat, les pins de ce bois du Parc seront dans le cas d'être coupés vers l'an 1860,
à l'exception des pins sylvestres de Riga qui
se trouvent dans les ventes N°ˢ. 2 et 6, et les
pins sylvestres d'Écosse que j'ai signalés dans les
ventes N°ˢ. 4, 6, 7 et 9.

Du reste, il devra convenir de s'attacher, non
à couper tout en une seule année dans le même
bois, pour passer ensuite et successivement
aux autres, mais de diviser les exploitations
de manière à en faire chaque année une ou
même plusieurs dans chacun des bois, parce
qu'on aurait moyen de mieux saisir l'instant
de la maturité des arbres, maturité qu'il importe de prendre en grande considération, puisqu'elle procure le double avantage d'une plus
grande quantité et d'une meilleure qualité de
matière.

J'entends, au surplus, qu'il conviendrait
d'épuiser en une seule année tout ce qu'on se
proposerait de couper dans chaque massif, préférablement à y revenir une ou plusieurs autres fois, afin de pouvoir mieux s'y occuper du
repeuplement ou du renouvellement de sa première production.

Bois Garenne.

Ce qui y domine de beaucoup, sont des pins maritimes de l'année 1813. Ils seront probablement en âge d'être coupés vers 1853 ; et alors on jugera vraisemblablement à propos de comprendre dans la coupe, quoique n'étant pas encore parvenus à leur maturité, les pins sylvestres qui se trouveront quelquefois mélangés, dans les six ventes de ce bois, avec les pins maritimes, parce qu'étant en petit nombre, ils doivent être assujettis à ceux-ci ; mais je crois qu'on devra en excepter les pins sylvestres, qui existent à-peu-près seuls et sans mélange avec le pin hâtif maritime, dans toute la partie en vallon de ce bois. Je crois aussi que cette exception devra être étendue aux pins du Lord-Weymouth qui sont dans cette partie, et qui dépendent de la vente N°. 4, ainsi que les mélèzes de la vente N°. 6, et les épicéas, si leur végétation est alors assez satisfaisante pour motiver l'attente de leur âge de maturité.

Bois Masure.

Ce petit bois se trouvera composé de pins des deux espèces maritime et d'Écosse. Si on préfère n'y conserver que des pins de la première espèce, et c'est ce que probablement je ferais personnellement, alors il faudrait faire porter les détassemens qui seront à y exécuter, principalement sur les pins sylvestres d'Écosse, et alors aussi on aurait à faire la coupe définitive des sujets de ce bois vers l'année 1866, parce qu'à cette époque les pins maritimes y auront atteint, terme moyen, l'âge de quarante ans, et qu'on devra leur sacrifier ce qui manquera à la maturité du peu de pins sylvestres qui y seraient restés après les éclaircissemens ou les détassemens qu'on y fera.

Ancien Verger.

Il se trouvera d'autant plus dans le même cas de ce petit bois masure, qu'il n'y a été, lors de son semis originaire, mélangé aucune graine de pin sylvestre. Cette espèce y avait été remplacée par le pin laricio de Corse, dont M. Bosc avait eu la bonté de me donner dix onces; mais leur semis n'ayant pas prospéré, puisqu'il en a résulté à peine une vingtaine de sujets, le semis originaire s'est trouvé ne consister et n'avoir produit que du pin maritime. Les pins d'Écosse qu'on y trouvera seront en grande minorité, et seront le résultat du petit semis d'essai que je fis le 25 août 1826; de ceux instructifs ou démonstratifs qui y ont été faits, sous mes yeux, le 29 septembre suivant, et de ceux semblables qui vont y être faits au printemps 1827. Si on ne préfère pas les conserver exclusivement aux pins maritimes, il faudra les faire disparaître successivement lors des détassemens qui seront à exécuter dans cet ancien Verger.

Mais je recommande vivement d'y laisser, s'ils y prospèrent, cette vingtaine de pins laricios de Corse, le pin laricio de Crimée et le pin *massoniana*, qui y ont été transplantés le jour de la Saint-Charles 1826, ainsi que les pins mitis, variable, teda, et rigida, qui proviendront du semis que je vais y faire des graines dont M. le vicomte de Thury vient de me gratifier. J'en dis autant pour les pins laricios de Caramanie, et pour les pins des deux variétés de *montana*, qui m'ont été envoyés de Malmaison; de même encore, pour les pins résineux dont les graines m'ont été données à la pépinière du Roi, au Roule.

Ancien Potager et Bois des Remises.

Il n'y aura au bois des Remises qu'un petit nombre de pins sylvestres d'Écosse; mais je conjecture qu'ils seront superbes, et cela me porte à croire qu'il sera tout particulièrement préférable d'attendre leur parfaite maturité pour les couper.

Quant à l'ancien Potager, il ne devra s'y trouver qu'un plus petit nombre de pins de même espèce, et en outre quelques pins du Lord. Il me semble qu'il n'y aura pas à hésiter d'ajourner leur coupe à l'époque de leur entier accroissement, toute différente que doive être cette époque, puisque je la crois double en pin du Lord de ce qu'elle doit être en pin syl-vestre.

Bois de Valleville.

La coupe des pins de la vente N°. 1 se fera attendre long-temps, quoiqu'il ne s'y en trouve que de l'espèce maritime, puisqu'en général ils ne résulteront que de semis des printemps 1826 et 1827; mais il y en aura sur un point un certain nombre qui, provenant des premiers semis, devront être mûrs vers vingt-cinq à trente ans d'à présent, et qui pourront, je crois, être coupés à cette époque, pour en ti-rer plus de profit, sans causer du dommage, sur-tout si on prend la précaution indiquée par M. le conservateur Dralet, et que j'ai citée il y a peu d'instans, à l'occasion de la vente N°. 1 du bois du Parc.

Dans la vente N°. 2, il faudra, je crois, distinguer entre la grande et la petite portion.

Celle-ci n'aura que des pins maritimes, et ils devront être propres à couper dans trente ans, parce que ceux plus jeunes y seront en trop petit nombre, si même ceux originaires souffrent leur bonne végétation, pour ne pas leur être subordonnés dans l'intérêt bien entendu de mes successeurs.

Mais dans la grande partie, où les pins sylvestres d'Écosse domineront de beaucoup, je prévois que ce sera sur cette espèce à plus longue vie qu'il conviendra de se régler. Toutefois s'il s'y trouve définitivement assez de pins maritimes pour qu'il importe de ne pas se priver de leur valeur et de l'utilité dont ils seront à la richesse du travail en même temps qu'aux besoins de la consommation, on fera probablement bien de les exploiter à leur âge de maturité, avec les soins et les précautions nécessaires pour ne causer aucun dommage, ou n'en causer que le moins possible aux pins d'Écosse.

Il y aura aussi à distinguer, dans la vente des Deux-Morceaux, le grand d'avec le petit morceau.

Dans celui-ci, il m'est évident qu'il faudra se

régler sur l'âge de maturité des pins maritimes, qui d'ailleurs n'y seront jamais en grand nombre, parce que toute la superficie du sol qui est en pente, se trouve bien garnie de bois feuillu, et que la portion occupée par les pins est de fort peu d'étendue. Ainsi, à mon avis, les pins d'Écosse, qui, là, seront en nombre inférieur aux maritimes , devront être subordonnés à ceux-ci.

Mais dans le grand Morceau, je prévois trois zones susceptibles d'être envisagées distinctement l'une de l'autre. Je fais consister la première dans le petit bouquet de pins de Genève; à leur égard, je crois qu'il importe à la science d'étudier leur végétation, pour s'instruire sur leur identité, ou au contraire leur différence avec le pin sylvestre d'Écosse. Quant à la seconde zone, je la compose des pins sylvestres d'Écosse et de pins maritimes, qui se trouvent mélangés dans la plus grande partie du surplus de cette vente, au nord du bouquet de pins de Genève. A cet égard, j'ignore ce qu'il y aura à préférer des pins d'Écosse ou au contraire des pins maritimes; il faudra étudier leur végétation pour se déterminer dans la préférence à donner à une des espèces sur l'autre; mais pour peu que cette végétation soit plus favorable aux pins maritimes, je pense qu'il faudra leur subordonner les pins d'Écosse, afin de se procurer des profits que mes successeurs doivent tant utiliser, et de profiter plus tôt du moyen d'avoir soit une nouvelle génération plus avantageuse que la première, par l'effet de l'amélioration que le *détritus* des feuilles ou aiguilles de celle-ci aura procurée au sol, soit même une nouvelle production en espèce supérieure à la première. Enfin je fais consister la troisième zone dans les pins de l'extrémité, parce qu'ils sont exclusivement de l'espèce maritime. Or, ayant été semés en 1816, ils seront probablement propres à être exploités en 1856.

Dans la vente N°. 4, on ne trouvera guère que du pin maritime, et bien certainement ce sera par l'âge de maturité de cette espèce hâtive, qu'il faudra se régler pour l'époque où il conviendra de faire coupe nette. Or, comme son âge de semis est généralement du printemps 1816, ce sera probablement vers l'année 1856 que cette vente sera dans le cas d'être exploitée.

A l'égard de la vente N°. 5, je trouve qu'il faudra aussi se régler sur le pin d'espèce maritime, pour fixer l'époque de son exploitation, parce que les pins d'Écosse y seront en trop petit nombre pour être pris sous ce rapport en grande considération. D'un autre côté, l'âge du semis des pins maritimes devant se considérer comme partant du printemps 1818, ce devra être aux approches de l'année 1860 qu'ils devront être propres à l'exploitation.

Dans la belle vente N°. 6, il y aura un grand mélange de pins des deux espèces maritime et d'Écosse ; mais par le motif que j'exprimais il y a un moment, en parlant de la vente N°. 3, je crois qu'on devra s'attacher à n'y conserver que l'espèce maritime, et faire porter les détassemens sur les pins sylvestres. S'il en arrive ainsi, l'âge de maturité arrivera dans cette vente vers la même année 1860, époque où les semis atteindront moyennement quarante ans.

Il y a bien une assez grande quantité de pins de la même espèce qui seront exploitables environ sept ans plus tôt, parce qu'ils proviennent du semis à l'aventure du mois de mai 1813, et que les sujets en végètent définitivement avec beaucoup de vigueur. Si, comme je le présume, on trouve qu'en raison de leur grand nombre, il importe de ne pas leur faire dépasser leur maturité de sept années, on pourra probablement les couper peu après l'année 1850, en prenant assez de précautions et donnant à la chose assez de soins pour ne causer, pour ainsi dire, aucun dommage aux sujets provenus des semis de 1819 à 1821.

Mais je me flatte que mes successeurs seront attentifs à faire une exception, et à la faire telle qu'elle devra être, en faveur des pins laricios de Calabre et des pins sylvestres de Riga, que j'ai expliqué avoir été semés dans cette vente.

D'un autre côté, elle peut servir à éclaircir un point de science forestière, en ce qu'on est partagé sur l'opinion de l'avantage que le plus grand nombre trouve, et qu'un plus petit nombre conteste, à employer dans des semis de pins des graines récoltées sur des sujets parvenus à presque tout leur accroissement, plutôt que de se servir de graines provenues de sujets pour ainsi dire adolescens. Or, toute la partie nord de cette vente N°. 6, et jusqu'à concurrence d'environ sa moitié, a été ensemencée, au mois de mars 1821, en graines maritimes (mélangées avec du pin d'Écosse) récoltées sur mes propres sujets, par conséquent sur des arbres à peine adolescens. Ces semis ont été fort beaux; mais il pourrait arriver qu'ils se démentissent, et alors il faudrait, je crois, l'attribuer à la trop grande jeunesse des arbres qui en ont fourni les graines, si la belle végétation des pins semblables de l'autre moitié de la vente ne se démentait pas. Je sollicite donc ici l'attention de mes successeurs, pour étudier la chose, afin de se mettre en état de résoudre la question de science que ce point présente, et qui, à ma connaissance, divise d'opinion des personnes à qui je connais beaucoup d'instruction et de connaissances.

Dans la grande et importante vente N°. 7, je prévois qu'il faudra se conduire selon les places et selon l'espèce qui y dominera ; qu'ainsi là où ce seront les pins maritimes qui domineront comme à son extrémité nord, où un beau bouquet a été semé en 1812, sur quinze lignes de simple houage, par mélange avec du pin d'Écosse, ce seront les pins de l'espèce maritime qui devront régler l'époque de l'exploitation.

Il en devra être de même dans la partie de l'ancien Petit-Hêtre, où le semis à l'aventure du mois de mai 1813 a été fait.

Il en sera encore de même pour les parties des anciennes ventes de Mare-au-Loup et de Mare-Verte, qui ont été labourées à la charrue, puisque c'est le pin maritime qui y domine à-peu-près exclusivement, ainsi que dans la partie en côte de l'ancienne vente aux Épines, où les pins maritimes ont été semés en 1811 sur d'anciens défrichemens en poches.

Mais dans la partie où c'est le pin sylvestre qui domine, comme dans l'ancien Callouel, près de l'ancien Petit-Hêtre, où il y a soixante-six emplacemens de pins de Genève; sur beaucoup de points des anciennes Mare-au-Loup et Mare-Verte, où il n'y a guère que du pin d'Écosse, il sera préférable, je crois, de se régler sur l'âge de maturité de cette espèce, pour ne pas se priver d'une trop grande quantité d'arbres, qui, à moitié de leur âge de maturité, ne donneraient que moins du quart de ce qu'au double d'âge ils pourraient fournir, puisqu'à cette moitié d'âge ils n'auraient probablement que le quart de toute la matière qu'ils auraient à leur maturité, et qu'elle serait inférieure en qualité à l'autre.

Et si on trouve qu'en quelques places où les pins sylvestres dominent, il y a cependant des pins maritimes qu'il faudrait utiliser préférablement à les laisser dépérir, dans l'attente de la maturité des pins de l'autre espèce, on pourrait, moyennant des soins et des précautions, les exploiter vers l'âge où ils auraient acquis tout leur accroissement.

Dans la vente si rebelle numérotée 8, je ne doute pas qu'on puisse se régler sur l'espèce maritime exclusivement à celle d'Écosse, dans toutes les parties de son pourtour; mais dans celles de son intérieur, je trouve que les choses ne sont pas encore assez avancées pour en prendre une opinion actuellement. Je m'en fie aux soins de mes successeurs pour étudier la chose, et pour se conduire d'après l'opinion qu'ils en auront prise.

Dans les ventes N°s. 9, 10, 11 et 12, je pense qu'il faudra tendre à n'avoir en définitive que du pin maritime, sauf le peu de pin laricio de Corse, et les petits semis particuliers qui sont à leur suite dans cette vente N°. 9; qu'ainsi il sera préférable, lors des détassemens qui seront exécutés dans ces quatre ventes, de faire porter davantage les extractions sur les pins de l'espèce sylvestre. A ce moyen, ce pourrait être vers l'année 1865 qu'on y récolterait définitivement.

Mais on pourra devancer de dix à douze ans, pour les pins maritimes qui furent semés dans toutes les parties en côte de ces ventes, en 1813 et peu après, ainsi que sur quelques points de la partie plane de la vente N°. 12; il en sera encore plus positivement de même pour les pins semés, dès 1811, sur un point de la vente N°. 11, avoisinant le chemin de Beaumont.

Bois de Beauficel.

La vente N°. 1 devra obtenir l'attention particulière de mes successeurs, notamment sous le rapport de ce qu'elle est, à proprement parler, le berceau de ma culture, dont ils sont appelés à recueillir les fruits.

Elle est d'ailleurs le pivot de mes observations et de mes expériences sur les degrés d'éclaircissemens et d'élagages qu'il importe d'exécuter dans les bois de pins, pour la plus grande prospérité des sujets définitifs, ainsi que sur tous les autres points qu'il est avantageux d'étudier dans la culture perfectionnée.

C'est, au surplus, par cette vente que mes successeurs pourront plus particulièrement juger définitivement de l'âge de maturité des pins maritimes de ma culture ; car j'en suis réduit à des conjectures, d'après ce que M. de Ribard a bien voulu me permettre d'étudier à sa jolie terre du bois David, où les parties en mauvais sol ne le cèdent pas à l'aridité du mien, et aussi d'après ce que j'ai pu observer du grossissement annuel de mes pins, ainsi que de l'effet qu'exercent sur eux les deux sèves ascendante et descendante.

Si mes conjectures étaient justes, ce serait vers 1850 qu'il y aurait lieu à la récolte définitive dans cette vente, parce qu'elle se compose à-peu-près uniquement de pins maritimes semés au printemps 1811.

Dans la vente N°. 2, il y aura sujet de se conduire d'après ce qu'on aura observé dans la vente précédente, et par conséquent il n'y aura lieu d'y faire la récolte définitive qu'après celle de cette vente N°. 1, parce que les semis récens qui y ont été faits seront assez inférieurs en quantité à ceux originaires, pour leur être subordonnés.

Mais j'appelle l'attention de mes successeurs sur, 1°. les mélèzes de cette vente, les uns semés à demeure et les autres transplantés; 2°. le petit semis d'avril 1824, fait en graines de pin sylvestre hâtif du bois de Boulogne; 3°. et la bordure de l'extrémité méridionale, en ce que je me suis abstenu d'y faire exécuter des détassemens comme dans tout le surplus, afin de m'éclairer sur leur utilité, qui est tant soit peu contestée.

La vente N°. 3 devra exiger une étude particulière, à cause de la grande inégalité d'âge des pins qui s'y trouvent; mais je pense assez que ceux maritimes domineront dans sa partie tant plane que du haut de la côte occidentale, ainsi que vers l'extrémité arrivant sur le N°. 12, et que, par cette raison, ce sera sur cette espèce qu'on aura à se régler pour l'âge de la coupe des arbres; tandis que dans la partie escarpée de cette côte, ainsi que dans des portions de ce qui est en côte à l'aspect du nord, et dans la portion dite *les Valots*, ce devront être des pins sylvestres. Or, s'il en était ainsi, on pourrait se régler, pour leur exploitation, sur leur âge de maturité. Il résulterait alors de là que cette vente serait divisée en deux zones.

Dans la vente N°. 4, il y aura probablement à faire la récolte définitive, vers l'année 1853, des pins maritimes semés, en avril 1813, sur environ moitié de sa surface, ainsi que du petit bouquet à côté, semé dès 1809.

Et quant aux pins sylvestres de Haguenau, semés, seulement en 1825, sur environ l'autre moitié, dans les vides du bouleau, il y aura à se régler sur leur végétation, et si elle est avantageuse, ce sera évidemment une bonne chose que d'étudier et d'attendre leur entière maturité, si longue qu'elle doive être.

Le peu de pins sylvestres semés par essai en

1811, parallèlement aux épicéas, aux sapins du pays et aux mélèzes, pourront être coupés plus tôt, parce qu'ils auront une avance de quatorze ans sur les pins de Haguenau ; mais ces épicéas et ces mélèzes devront probablement exiger une attention particulière, pour juger du temps opportun à leur coupe. Si je n'étends pas la même observation aux sapins du pays, c'est que je ne me flatte pas qu'il en reste de traces.

Mais je réclame vivement une attention particulière pour le grand nombre de sujets plus ou moins précieux, et d'un grand nombre d'espèces, que j'ai annoncé avoir été placées, les unes par la voie de semis à demeure, et les autres par le moyen de la transplantation sur un point de cette vente longeant l'allée qui la divise à l'aspect du nord d'avec la vente N°. 3.

Les choses seront beaucoup plus simples dans la vente N°. 5, parce qu'elle se divise naturellement en deux parties. L'une s'applique aux pins maritimes de 1813, et l'autre aux pins sylvestres de Haguenau, semés dans les vides du jeune bouleau, seulement au printemps 1826.

Dans la vente N°. 6, on ne trouvera que les deux espèces maritime et d'Écosse, mais de différens âges.

Je prévois qu'à l'exception des pins d'Écosse

provenus du semis de 1812, et qui avoisinent la vente N°. 7, il faudra considérer toute cette vente comme n'étant meublée que de pins maritimes, et prendre pour règle de leur maturité l'époque de semis de 1817, comme terme moyen, de manière qu'il y aurait probablement lieu de les exploiter vers l'année 1857.

Quant aux pins sylvestres d'Écosse que je viens de citer, ils me paraissent devoir être, sous le rapport de leur exploitation, réunis à ceux de la vente N°. 7.

Dans cette vente N°. 7, je prévois qu'il y aura deux zones fort caractérisées. L'une sera formée de toute la longueur de la vente, du nord au midi, vers l'aspect du levant, longeant l'allée qui la sépare d'avec la grande Remise de feu M. Hervieu. Cette partie, qui forme une petite moitié du tout, et qui forme plusieurs angles rentrans au côté opposé, est généralement peuplée de pins sylvestres d'Écosse plus ou moins beaux, et provenus du semis de 1812. Ils sont bien quelquefois mélangés de pins maritimes, et il y a même quelques points entiers de ceux-ci ; mais il m'est évident qu'en raison du grand nombre et de la belle végétation des pins sylvestres, on devra régler la coupe des arbres sur leur âge de maturité, exclusivement aux

pins maritimes, qu'on pourra d'ailleurs probablement en extraire sans grand dommage, en
prenant alors quelques précautions.

Ces beaux sujets d'Écosse seront dans le cas
d'être joints à ceux également beaux et du même
âge, de la vente Caroline N°. 6, comme je viens
de le dire. Les uns et les autres formeront une
belle ligne qui, dans peu d'années, ornera fort
avantageusement le bois de Beauficel.

L'autre zone consistera dans tout le surplus
de la vente, au couchant de la première. Il s'y
trouvera un bon nombre de pins maritimes semés à l'aventure et autrement, en 1814 et depuis, notamment les belles touffes du mois de
janvier 1819. Tous ces sujets, d'âges un peu
différens, pourront néanmoins être classés dans
une seule catégorie, et être susceptibles d'être
coupés vers l'année 1860.

Je ne parlerai pas du peu de mélèzes et d'é-
picéas que j'ai dit exister dans cette même
vente, parce que je n'en espère rien.

La vente N.° 8 devra être régie par les pins
de l'espèce maritime. Leur âge dominant est
de 1813 et, par conséquent, leur âge de maturité devra avoisiner l'année 1853. Les pins
sylvestres d'Écosse y sont en trop petit nombre, même sur la partie en côte faisant face au

N°. 3, et le long de la Vallée-aux-Bœufs, pour ne pas être subordonnés à ceux maritimes.

Mais j'appelle l'attention sur le peu de pins du Lord et de pins laricios de Corse qui se trouvent sur la ligne longeant cette Vallée-aux-Bœufs, ainsi que sur quelques autres sujets du Lord et laricios de Calabre qui sont à l'extrémité de l'allée séparative d'avec le bois de Valleville, mélangés avec des pins sylvestres.

Et je la réclame tout particulièrement pour les chênes d'Amérique dont M. d'André s'est plu à me faire don, dans la confiance où il était que je les utiliserais.

Dans la vente N°. 9, il n'y aura que des pins maritimes, qui sont les uns de 1812, d'autres de 1813, et d'autres plus jeunes. Ceux de 1812 se trouvant seuls, ils pourront être exploités séparément des autres, vers l'année 1852, et ces autres seulement vers l'an 1855, comme âges moyens de ceux de 1813 et de ceux plus récens.

La vente N°. 10 pourra, sous le point de vue où j'en parle ici, être divisée en trois parties, dont une se composera des pins maritimes de 1811 et de 1812.

La seconde partie se composera de la grande quantité de pins maritimes et d'Écosse semés en mai 1813, en 1819 et en 1820. J'estime qu'il conviendra de tendre à n'avoir là en définitive que du pin maritime, et par conséquent faire porter principalement les détassemens sur le pin d'Écosse.

Et la troisième partie se composera uniquement du pin sylvestre de Genève, qui a été semé, en 1813, sur et le long de toute la ligne du bois Marlay, qui borde cette vente à son aspect nord.

Mais il y aura une exception, et je recommande à l'attention de mes successeurs les pins laricios de Calabre et les pins sylvestres de Riga, qui ont été semés dans cette vente en juin et juillet 1819.

Enfin, les ventes N°s. 11 et 12 me paraissent devoir être considérées ensemble sous deux points de vue. Dans le premier, je place les pins maritimes de 1812 et de 1814; à leur égard j'estime que leur maturité arrivera vers 1853. Dans le second, je place les semis de 1821, 1822 et 1823, faits en graines mélangées. J'incline à croire qu'il conviendra d'opérer de manière à ne conserver que de l'espèce maritime pour sujets définitifs, et que ces sujets, plus récens que ceux de semis originaires, seront propres à être exploités, au plus tard, dix ans après ceux-ci.

Mais je sollicite avec instance une distinction et une attention particulières pour les pins de Riga de M. Poussou d'Hollande, semés dans la vente du Souvenir; pour les épicéas de M. du Châtenet; pour les pins sylvestres de l'île de Corse, que je dois à l'obligeance de M. le chevalier de Formanoir; et pour les pins de Riga, dont M. Bosc m'a donné les graines, et qui tous ont été semés dans la vente des Inséparables.

CHAPITRE IV ET DERNIER,

Consacré à des Conseils et à des Recommandations secondaires.

On a pu voir, par ce que j'en ai dit au chapitre II précédent, qu'il importe beaucoup dans la culture soignée, telle que je m'applique à la faire, et telle que j'invite à la continuer, ou plutôt à la perfectionner, de ne pas se priver des avantages du précieux *détritus* des feuilles ou aiguilles des pins.

Ce *détritus* sert d'abord à la nourriture terrestre des arbres qui couvrent la surface du sol. Si on enlève les feuilles, ou la matière qui le produit, il en résulte nécessairement qu'on appauvrit le sol, puisque les élémens qui le constituent servant à cette nourriture terrestre des arbres, il a impérieusement besoin d'engrais restituans, comme il est si usuel qu'il en faut donner dans la culture arable, pour rendre à la terre ce que sa production enlève de ses parties fertiles.

D'après ce principe élémentaire de toute culture, il est évident que si on prive le sol où croissent les arbres des débris de leur propre végétation, débris qui sont incomparablement plus considérables dans les espèces résineuses qu'ils ne le sont dans les espèces feuillues, parce que, à quantité égale de débris par chaque arbre, les résineux joignent l'avantage de pouvoir être dix fois plus nombreux que les feuillus sur la même étendue superficielle de terrain ; si, dis-je, on prive le sol de ces principes restituans, il ne fournira plus aussi abondamment à la nourriture des arbres, et dès-lors on aura nécessairement moins de matière, en même temps que celle-ci sera d'une qualité moins avantageuse, parce que la végétation sera moins vigoureuse, et qu'elle le sera d'autant moins que les arbres, approchant davantage de leur âge de maturité, ils soutirent de la terre une plus grande quantité de ses principes végétatifs, en même temps qu'ils lui fournissent plus de moyens restituans, lorsque la main de l'homme imprévoyant ne vient pas déranger l'ordre de la nature.

Un autre avantage attaché à la scrupuleuse

conservation des feuilles ou aiguilles, qui produisent si abondamment un *détritus*, qui lui-même abonde tant en principes végétatifs, d'après les recherches spéciales de M. le vicomte de Thury ; un autre avantage, dis-je, est de préparer le sol à une production nouvelle, et même à une production d'essences ou d'espèces d'arbres supérieures aux premières ; tandis que, par l'enlèvement de ce merveilleux engrais, on stérilise tellement son terrain, qu'il devient plus ou moins impropre à une végétation ultérieure : témoin, ce que j'ai rapporté qu'il arrivait dans le pays du Maine.

Il est bien vrai qu'alors on se prive du plaisir d'être utile sous ce rapport, et à l'aide de ce désastreux moyen, à la classe nécessiteuse, dans les pays où il s'en trouve.

Mais il faut considérer que, dans les choses humaines, on ne peut pas réunir tous les avantages, et que le mieux est de donner la préférence au parti qui en offre le plus sur celui qui en offre le moins, lorsqu'ils s'excluent.

Dans le cas présent, le bienfait qu'on exercerait en permettant le ramassis des feuilles, serait comparable à celui qu'on accorde dans un pays où le bois ne surabonde pas, en souffrant le pâturage des chèvres, que les amis des

classes malaisées citent comme étant leur sou-
tien ; on se trouverait faire pour vingt sous de
bien, au prix de cent francs de dommage.

Il faut donc se contenter du bien qu'on fait
ici en grande masse, par les moyens d'occupation qu'on procure ; par les moyens de consom--
mation, et par conséquent, de reproductions
qui résultent du travail de la classe ouvrière ;
des bonnes habitudes qu'on lui fait contracter ;
des moyens de pourvoir aux besoins de la société en bois ; de prévenir le déboisement des
localités qu'il est si dangereux de mettre à
nu, etc. ; il faut, dis-je, savoir se contenter
de ces nombreux avantages, et ne pas prétendre
à les réunir tous, puisque cela est à-peu-près
impossible dans les choses humaines.

D'ailleurs, en donnant des moyens d'occupation, et par conséquent des moyens de gain
aux classes ouvrières, on fait tout naturellement cesser ce misérable ramassis de feuilles,
ou cet enlèvement des principes restituans de
la soustraction opérée dans les principes de fer-
tilité du sol, par la végétation terrestre des arbres, et on n'a pas à s'affliger de faire éprouver
un peu de privation en échange de beaucoup de
bien.

En raisonnant ainsi ses bienfaits, et en se

pénétrant de cette vérité élémentaire, que le bien est une des choses difficiles à faire, lorsqu'au lieu de se borner au facile plaisir du don, on veut que celui-ci produise tous les bons effets qu'on aime tant à s'en promettre, on sauve à la pauvre humanité la chance de l'ingratitude, à laquelle on n'échappe que par exception, puisqu'en général la reconnaissance est en sens inverse de l'étendue des bienfaits, comme l'atteste notamment M. de La Rochefoucauld, dans sa 306ᵐᵉ. Maxime (1); et on se soustrait alors très-facilement au joug ou à la tyrannie que les obligés exercent ou qu'ils font subir ordinairement aux bienfaiteurs lorsque ceux-ci s'abandonnent inconsidérément au plaisir de faire le bien : tant il est vrai qu'en bienfaisance privée, comme en bienfaits politiques, si on ne rai-

---

(1) On peut se flatter, d'après les expressions employées par M. le duc de La Rochefoucauld, dans cette partie de ses *Maximes*, que, dès le dix-septième siècle de l'ère chrétienne, il y avait eu sur ce point une grande amélioration dans le caractère humain, comparativement au premier siècle, puisque, de son temps, l'ingratitude n'était pour ainsi dire que passive, au lieu que, selon Sénèque et selon Tacite, elle se manifestait de leur temps par des actes offensifs, tels que la haine et la persécution des obligés envers leurs bienfaiteurs.

sonne pas la disposition qui porte à leur exercice, si on ne sait pas commander à cette
tendance qui entraîne certaines âmes, et si on
n'apporte pas un grand discernement dans cet
exercice de bienfaits, on est presque toujours
subjugué par ceux qui vous doivent de la reconnaissance.

Dans ma localité, mes successeurs auraient
d'autant plus tort de souffrir le pernicieux ramassis des feuilles, que fort heureusement il n'y est
pas en usage; qu'ainsi ils n'auront point de pré-
jugés à vaincre, ni de plaintes à entendre, non
plus que de la résistance à éprouver. Il leur suffira de ne pas donner lieu à un acte désastreux
par un motif de bienfaisance mal entendue.

J'insiste d'autant plus vivement sur cela, vis-
à-vis mes successeurs, que les savantes et précieuses recherches de M. le vicomte de Thury sur ce
point de science, nous ont révélé toute l'importance du rôle que les aiguilles ou feuilles d'essences résineuses jouent dans la richesse du sol des
bois, tant à cause de la plus grande quantité de
matière qu'elles fournissent, qu'à cause de la plus
grande quantité de principes végétatifs qu'elles
contiennent.

J'ai un autre sujet d'observations à faire à

mes successeurs : il s'agit de gibier et de la chasse.

Lorsqu'on veut semer des bois et même en planter, il faut savoir se priver du plaisir de la chasse personnelle, et aussi du plaisir d'en offrir l'exercice aux autres, parce que le gibier, et notamment le lapin, qui pullule si prodigieusement, est destructeur des jeunes semis, sur-tout dans les temps où la terre est couverte de neige : aussi, dans les forêts royales on est, même sous ce rapport, outre qu'on l'est sous celui de la grosse bête, obligé d'entourer de treillages fort dispendieux non-seulement les jeunes semis, mais aussi les jeunes recrus de bois, durant un bon nombre d'années.

Le dégât du gibier s'étend aussi aux jeunes arbres, et il faut entourer leurs tiges d'un cordon de paille pour les garantir du menu gibier, au risque de leur causer du dommage en privant une portion de ces tiges du contact de l'air et de l'influence des autres météores atmosphériques. Or, on sent que de si dispendieuses précautions ne peuvent s'admettre dans une culture spéculative, où il importe tant d'agir dans le sens de l'économie du temps et de la dépense.

Aussi ai-je eu, dans ma culture, à soigner la

destruction du gibier, et à me priver de la satisfaction d'offrir le plaisir de la chasse à plusieurs des personnes qui m'en témoignaient le
désir, en voyant que pour mon compte person-
nel je ne fréquentais pas les bois dans l'objet de
cet exercice, et en apprenant que je ne con-
sommais à-peu-près aucun gibier dans ma vie
frugale.

Les inconvéniens du gibier ne sont pas aussi
étendus lorsque les pins ont atteint la hauteur
nécessaire pour les mettre à l'abri de la dent
du lapin; mais comme il arrive toujours que
dans les semis il y a des sujets plus tardifs que
d'autres, il est nécessaire de prolonger plus
qu'on ne le voudrait la privation du plaisir soit
de chasser personnellement, soit d'inviter ses
amis et d'autoriser ses connaissances à chasser.
D'ailleurs on peut bien avoir sur un point des
arbres hors de l'atteinte du menu gibier; mais
si on n'en a pas exclusivement de tels sur l'uni-
versalité d'un bois suffisamment isolé et suffisamment éloigné des autres pour prévenir la
communication, il faudra bien que, pour empêcher les dégâts dans les jeunes pins, on s'in-
terdise l'existence du gibier dans les bois où
il y aurait même des parties à l'abri de sa
dent.

Je ne parle pas de la grosse bête, parce que, à l'exception du sanglier, qui se montre parfois dans ma localité, et que chacun s'empresse d'éloigner, cette classe de gibier n'y existe pas depuis long - temps. Si elle s'y montrait, le cerf, par exemple, il importerait beaucoup de ne pas le souffrir, puisque cet intéressant animal endommage d'une manière effrayante les tiges des pins en s'y frottant par ses cornes.

J'ai pu, par la comparaison des points de mes bois où ils touchent ceux de Madame la princesse Berthe de Rohan, dépendant de sa terre de Saint-Vaubourg; ceux de Madame la princesse de Montmorency-Tancarville; de M. le marquis d'Aligre, acquéreur de Madame la princesse de Vaudemont pour une portion de ses bois du comté de Brionne; ceux de M. Bourdon d'Écardanville, acquéreur d'une autre portion, etc.; j'ai pu, dis-je, par la comparaison de ces parties de mes bois avec le surplus des autres points de ma culture, juger combien il était pénible, laborieux et affligeant d'avoir à lutter contre l'existence, et par conséquent contre les dégâts du lapin. Je n'en ai point éprouvé des bois de Madame la princesse de Tancarville; mais sur les autres points, ils ont été tels, que M. Bourdon d'Écardanville en fut frappé, et que sur le rapport qui lui en fut fait, il se plut à favoriser la destruction du gibier, en autorisant formellement le furetage par mes gardes chez lui aussi librement que chez moi (1).

----

(1) J'aurais pu me flatter d'éprouver le même procédé de la part des agens locaux de M. le marquis d'Aligre, dont les bois longent les miens par un mouvement circulaire, depuis l'extrémité orientale du N°. 10 du bois de Beauficel, jusqu'à l'extrémité nord du grand Morceau dépendant de la vente N°. 3 du bois de Valleville, c'est-à-dire sur l'espace d'environ une lieue, d'autant plus que c'eût été de leur part se conformer aux intentions de leur maître, et qu'il était à leur connaissance que j'avais témoigné de tout temps le désir d'avoir à offrir à M. le marquis d'Aligre, par considération pour sa personne et pour son haut rang dans le monde, un passage par mes allées et mes barrières, pour la vidange de ses bois; que sur ce que ces agens me firent témoigner le désir d'user de ma disposition, je m'étais empressé de faire les recommandations nécessaires, et même de faire détruire une lisière de mon bois pour donner accès à ceux de M. le marquis d'Aligre dans mes allées, et de faire tenir mes barrières ouvertes; mais les dommages causés à mes semis, souvent culbutés, notamment dans les ventes N°⁵. 3, 8 et 10 du bois de Beauficel, n'en ont pas moins continué; ils ont même augmenté à cette époque par l'effet de la multiplicité arrivée dans le nombre des terriers à lapins établis en quantité pernicieuse, précisément sur les limites des bois de M. le marquis d'Aligre, là où ils touchent aux miens.

Lors même qu'il arrivera que mes bois ne seront peuplés que de pins en arbres, on ne se trouvera pas à l'abri de tous les dommages que l'exercice de la chasse fait éprouver, parce que, pour y tirer le gibier à plumes, on mutilera presque toujours la houppe des pins, qui en reçoivent plus de dommage que les arbres feuillus, à cause de la déperdition de la résine,

---

Ce procédé a même assez pris le caractère de la moquerie, pour qu'en voyant les choses par moi-même à mon voyage d'automne 1825, j'aie dû borner au passé, et faire discontinuer l'usage de mon bon procédé de voisinage, en me rappelant, vis-à-vis de ces agens, cette maxime de la Bruyère : « Qu'à l'égard de ceux qui restent insensibles à nos bons procédés, le remède est de cesser d'en avoir. » J'ai d'autant plus vivement regretté d'avoir été dans la nécessité d'en agir ainsi, que j'avais mis plus de prix au double avantage d'avoir, par mon procédé, donné un témoignage de ma déférence envers M. le marquis d'Aligre, et une légère marque de ma respectueuse reconnaissance envers Madame la marquise de Pomereu, sa fille, parce que, lui ayant dû cent vingt mille francs sur Harcourt, Madame de Pomereu avait daigné régler et prononcer elle-même sur les facilités dont je m'étais trouvé avoir besoin pour ma libération , avec cette bienveillance qui va si directement à l'âme de ceux qui en sont l'objet, et qui la pénètre encore plus vivement lorsque cette bienveillance émane des grâces d'une dame.

de la privation d'une partie de leurs aiguilles, et parce que les blessures qu'ils éprouvent sont plus nuisibles que dans les autres végétaux.

On a déjà assez de se défendre des mulots et autres animaux souterrains, des chenilles, des vers et autres insectes; de l'excès des gelées; des givres et frimas; des sécheresses excessives, etc., sans ajouter encore aux inconvéniens qui en résultent ceux attachés à l'exercice d'une fantaisie, ou d'un plaisir nuisible à la prospérité d'un bois où l'on voudrait faire dominer le profit qu'on peut en tirer.

Sous un autre point de vue, j'aime à croire que mes successeurs seront pénétrés, comme je m'attache à l'être, des saints préceptes de l'Évangile; qu'ils prêcheront d'exemple et qu'ils s'abstiendront de faire éprouver à autrui ce qu'ils seraient contrariés d'éprouver eux-mêmes; qu'ainsi ils ne souffriront en aucune circonstance assez de gibier dans mes bois, devenus les leurs, pour causer du dommage sur les propriétés voisines.

Je signalerai aussi à mes successeurs les dégâts qu'ils éprouveraient par l'existence des écureuils, s'il en survenait dans ces bois, où, jusqu'à présent, il ne s'en est pas montré. Ces animaux recherchent avidement les amandes

ou graines que renferment les pommes de pins ;
mais ils ne se bornent pas à priver la société
des avantages qu'elle est dans le cas de retirer
de ces graines, tant pour le réensemencement
naturel, que pour avoir des moyens de semis
industriel ; ils étendent leurs dégâts à endom-
mager et même à faire périr les flèches ou les
pousses terminales des pins. Ces dégâts sont
devenus si considérables dans la forêt de Fontainebleau, à ce que m'a appris M. de Larminat, qu'il s'est trouvé dans la nécessité de proposer à S. Exc. le Ministre de la maison du Roi
d'accorder des primes pour la destruction de
ces jolis animaux.

J'insiste aussi beaucoup auprès de mes héritiers pour qu'ils donnent des soins tout particuliers, et pour qu'ils mettent beaucoup de
discernement dans le choix des personnes auxquelles ils accorderont leur confiance :

Ainsi, d'en agir à cet égard avec réserve,
circonspection et une sage lenteur ; ne faire de
choix définitif qu'en toute connaissance de
cause ; et jusque-là adopter pour règle de n'employer qu'à l'épreuve.

Prendre d'ailleurs en grande considération

la réputation suffisamment établie, et ne se déterminer pour le savoir et l'intelligence, tout indispensables qu'ils soient l'un et l'autre, qu'autant qu'ils seraient accompagnés de ce qui leur donne du prix et de la valeur : je veux dire la probité exemplaire, les bonnes mœurs et la bonne conduite, suffisamment caractérisées pour être offertes en modèle.

En un mot, n'accepter le service que de ceux qui seront véritablement dignes de la confiance de mes héritiers, et constamment propres à les représenter, puisqu'ils seront, à ce que j'ose m'en flatter, d'un rang dans le monde et d'une élévation de sentimens qui exigeront de la part de leurs employés une grande instruction et une grande moralité.

On a pu voir, par ce que j'ai été dans le cas de citer il y a un moment, combien il importe d'être en état d'observation sous ce rapport, pour qu'il n'arrive pas qu'on se trouve représenté par des personnes dont les sentimens, propres à honorer l'humanité, seraient encore endormis, comme disent les moralistes indulgens, ou dont les organes matériels s'opposeraient au développement de ce qu'il peut y en avoir d'inné en elles.

J'invite encore et itérativement mes successeurs à faire tenir état des produits qu'ils retireront de ma culture en bois résineux, sous le double rapport du produit net et du produit brut, ou de la richesse des travaux en même temps que du profit du maître, afin d'être en état d'en rendre compte, s'il arrivait que cela fût utile à connaître et à publier ; et pour cela d'étendre leurs soins jusqu'à préciser les époques de l'obtention des produits, puisque l'intervalle du temps des semis à celui des récoltes doit être pris en grande considération pour apprécier les avantages de ces produits avec exactitude et sous tous les rapports, notamment lorsqu'on veut comparer les profits d'une culture hâtive, telle que celle des pins maritimes, avec les profits de la culture des pins sylvestres, des pins laricios et autres espèces plus ou moins tardives, mais dont les produits doivent être tout-à-la-fois plus élevés et plus avantageux pour la société consommatrice.

Je réclame également l'attention de mes héritiers sur les semis et sur les transplantations d'espèces particulières que j'ai citées, pour que les sujets en soient conservés assez long-temps

pour se trouver en état d'apprécier les avantages de leur culture dans ma contrée, et pour
avoir de premiers moyens de les y multiplier
en tout ou en partie, si leur végétation est suffisamment satisfaisante pour les faire succéder
aux espèces communes que j'ai été dans la nécessité de choisir préférablement à celles qui
leur sont supérieures.

A cette occasion, j'observe avoir à ajouter
à ces espèces celle du pin laricio d'Autriche
dont j'ai parlé d'après M. Loiseleur Deslongchamps, et ce que M. Noisette m'en a confirmé,
page 22 du *Traité pratique de la culture des
pins*. Je me trouve en posséder quelques graines
dont M. de Larminat a eu la bonté de me faire
l'envoi le 25 novembre 1826, et je me propose
de les faire semer au commencement de 1827,
sur le treizième sillon de l'ancien Verger.

Aux yeux d'un cultivateur, et à en juger par
ces trois caractères, 1°. ses graines, 2°. un
cône, 3°. et un rameau dont M. de Larminat
m'a également gratifié, ce pin est constamment un laricio, tant soit peu différent du laricio de Corse, et c'est d'ailleurs l'opinion de
M. de Larminat (1) qui, en allant outre Rhin,

______

(1) Cette opinion de M. de Larminat a d'autant plus

et s'étant occupé durant quinze jours à parcou-
rir la Forêt Noire, où il a admiré de si beaux
sapins et de si beaux pins sylvestres, que les
Allemands nomment *forlen*, et qu'ils pronon-
cent *forlenne*, a trouvé ce pin laricio, auquel
les habitans de ces contrées donnent le nom de
pinaster (1).

En définitive, j'aurais bien pu préparer, par

de poids, qu'il est tout particulièrement familiarisé avec
le pin laricio de Corse, dont il enrichit tant la forêt de
Fontainebleau par la voie de la greffe à la *Tschudy*, du
nom de son savant auteur, sur de jeunes pins sylvestres,
et dont on voit des sujets sur deux points du parc royal
de Boulogne, ainsi qu'à Bazemont, chez M. de Chalan-
dray, qui s'empressa de mettre à profit cette précieuse
découverte, en même temps que feu M. d'André, intendant des domaines et bois du Roi, aussitôt qu'ils la con-
nurent, au mois de mai 1823.

(1) Cette dénomination de *pinaster,* qu'on prononce
en d'autres contrées *pinastre* et *pinasse,* a été appliquée
par plusieurs auteurs de grande réputation, tantôt au
pin maritime, tantôt au pin sylvestre, et même au pin-
cimbro.

Et de plus, M. Bosc (page 91 du tome X de la première
édition du *Nouveau Cours complet d'Agriculture* de chez
Déterville) a observé que le pin laricio de Corse a été

ma culture, le double moyen d'obtenir des produits notables, et d'offrir la preuve matérielle
de la possibilité de créer de grandes richesses
sur des sols incultes, indépendamment de l'a-
vantage de procurer des moyens d'occupation
et des moyens de consommation; mais c'est à
mes héritiers qu'il appartient de lui donner de la
valeur, et de remplir l'objet de ma préparation,
en perfectionnant ce que je n'aurai pu qu'é-
baucher. Ce seront donc eux qui, par leurs soins,
par les travaux qu'ils feront exécuter, et par
leur gestion exemplaire, auront le principal

------

confondu par presque tous les auteurs, 1°. avec le pin sylvestre, sous la dénomination d'*altissima*; 2°. et avec le
pin maritime, sous celle de *pinus pinaster* : en sorte, selon
moi, qu'en donnant cette dernière dénomination au pin
maritime, on se trouvait parler du pin laricio.

Au surplus, je n'entends pas vouloir éclaircir ce point
de science botanique; je me borne à désirer qu'on sache
que, d'après ce que M. de Larminat a su et vu sur le terrain, ce que les Allemands des bords du Rhin appellent
pinaster, est constamment un pin laricio, et que c'est
très - vraisemblablement ce que M. Loiseleur Deslongchamps, en parlant du laricio, a signalé d'après M. Noisette, comme existant en Autriche, puisqu'il a été assuré
à M. de Larminat que ce pinaster des bords de la rive
droite du Rhin y avait été introduit d'Autriche.

mérite de faire résulter de ma culture tous les avantages que je m'en promets; avantages qui peuvent être indéfinis, si j'obtiens pour successeur la Société royale et centrale d'agriculture, puisqu'elle en ferait perpétuellement et exclusivement un objet d'utilité publique.

FIN DE LA SECONDE ET DERNIÈRE PARTIE.

EXPLICATION DES TROIS PLANCHES.

PLANCHE Ire.

A , Bois du Parc.

B , Bois Garenne.

C , Bois Masure.

D , Ancien Verger.

E , Ancien Potager.

F , Grand Parterre.

G , Quinconce.

H , Petit Parterre, et Château qui est à son aspect méridional.

J , Cour d'honneur.

K , Basse-cour, et Bâtiment de remise.

L , Fossés de pourtour.

M , Vestiges de pont-levis.

N , Petit-Pré.

O , Bosquet, et ancienne Pépinière.

P , Champ de lin.

Q , Terre à labour, dite *la Pâture*.

Les N°s. 1 à 12 indiquent la division du bois du Parc en douze parties, ventes ou massifs, qui ont chacun un nom différent énoncé dans l'ouvrage.

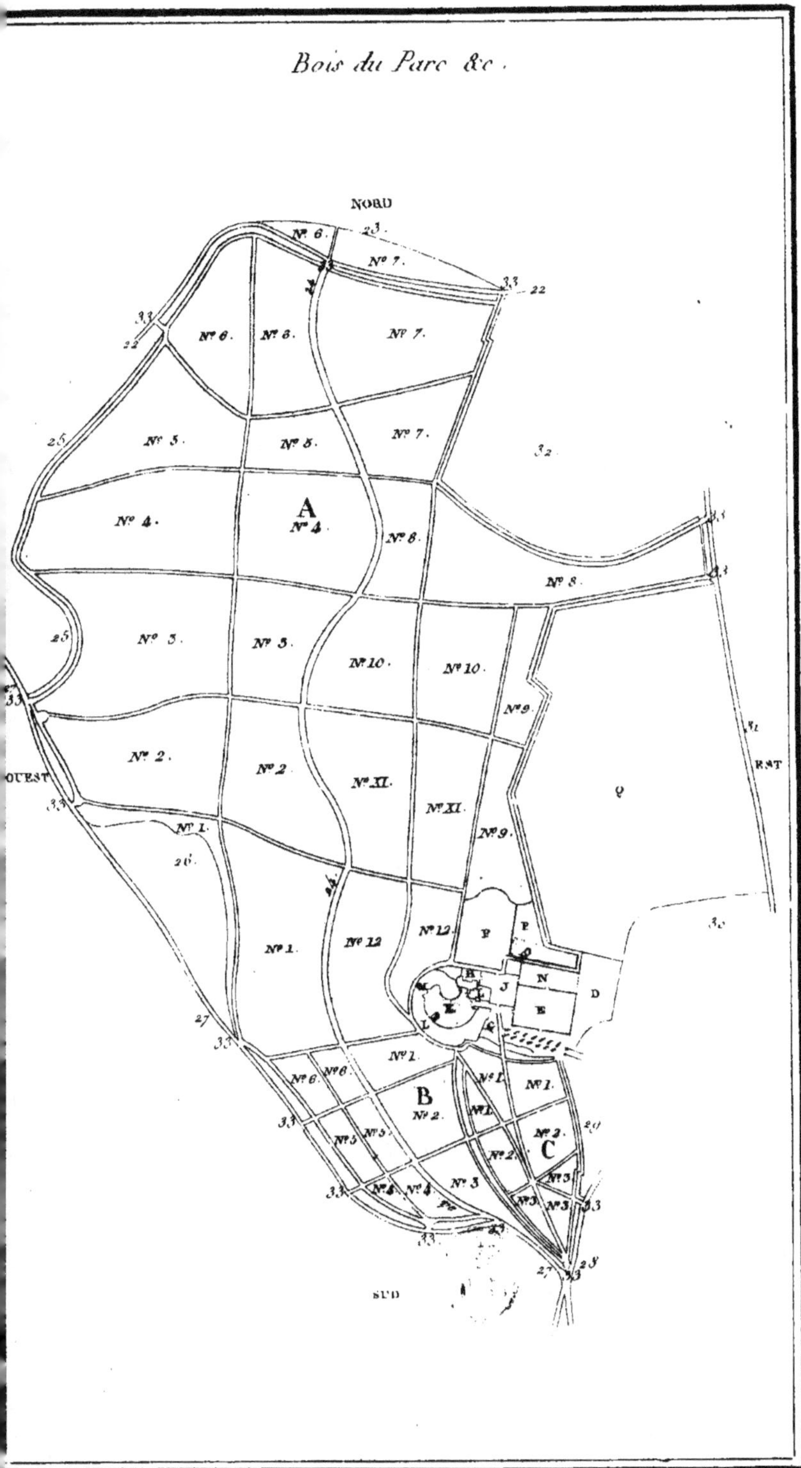
Bois du Parc &c.
NORD
OUEST
EST
SUD
A
B
C

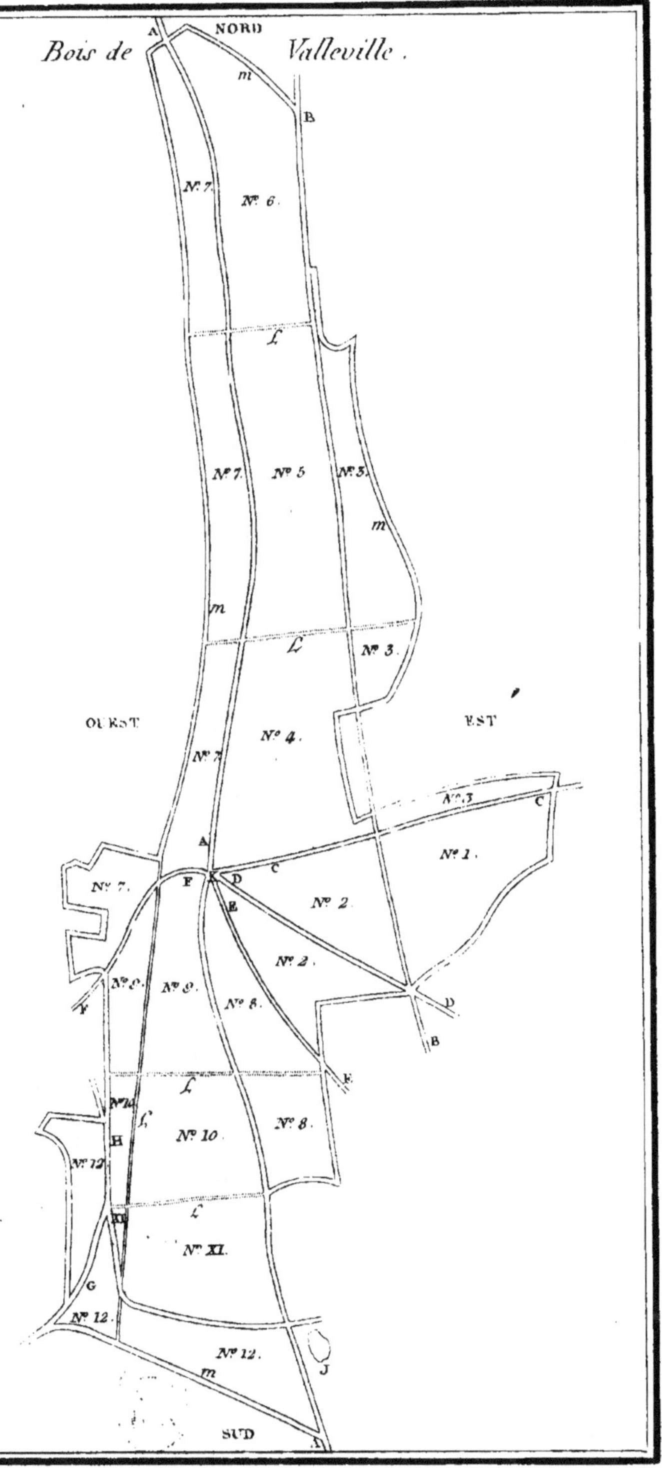
Bois de Valleville.
NORD
A
m
B
N.º 7.
N.º 6.
L
N.º 7.
N.º 5.
N.º 5.
m
m
L
N.º 3.
OUEST
N.º 4.
EST
N.º 7.
N.º 3.
C
N.º 1.
A
F
C
N.º 7.
D
E
N.º 2.
N.º 2.
D
N.º 6.
N.º 9.
N.º 8.
B
F
E
N.º 14.
L
f
N.º 10.
N.º 8.
H
N.º 12.
I
L
N.º XI.
G
N.º 12.
N.º 12.
J
m
SUD
K

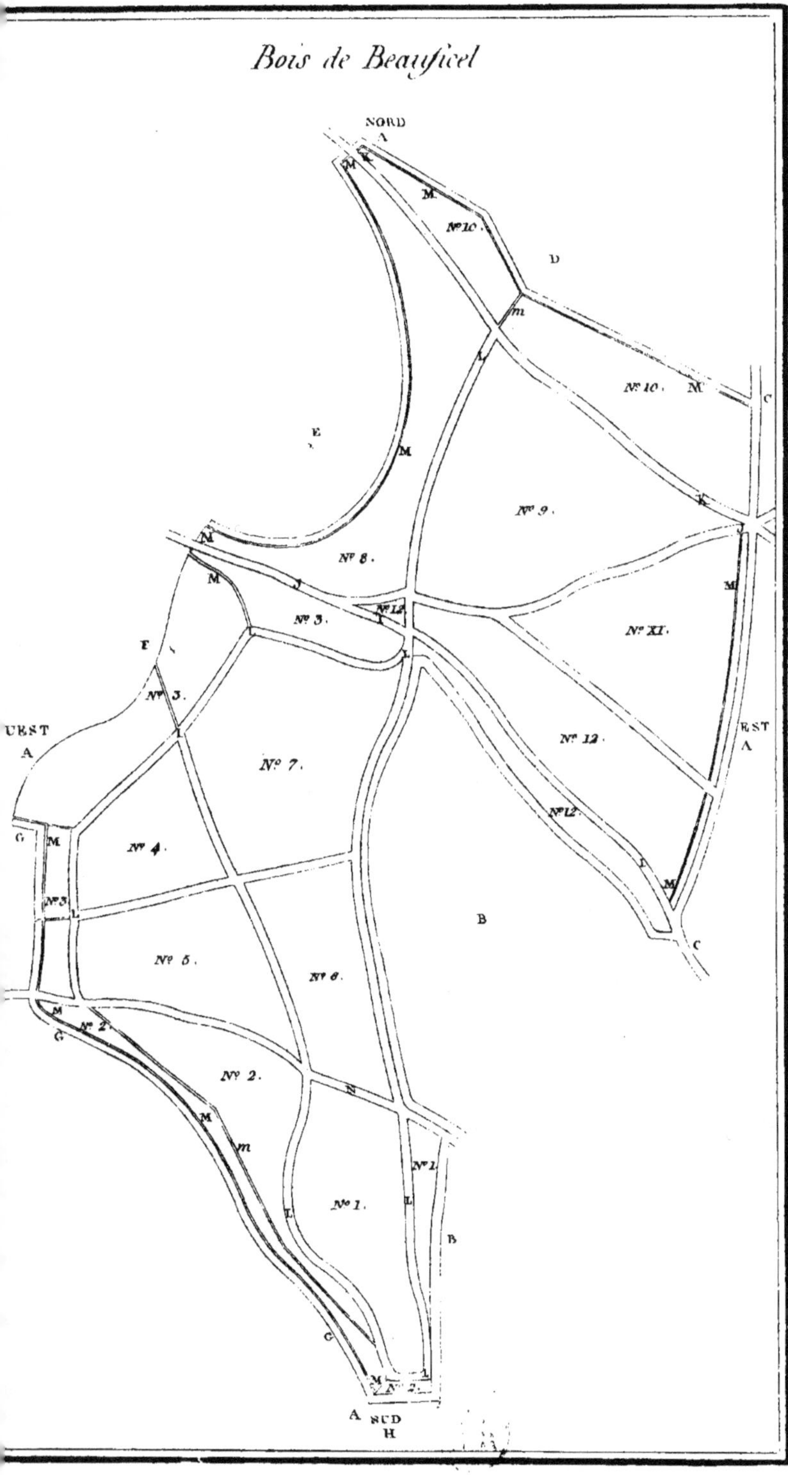
Bois de Beauficel
NORD
A
M
M
No 10.
D
m
No 10.
C
E
M
No 9.
N
No 8.
M
I
No 3.
No 12.
M
I
No XI.
F
No 3.
OUEST
A
No 7.
EST
A
G
M
No 12.
No 4.
No 12.
No 3.
I
M
L
B
C
No 5.
No 6.
M
No 2.
G
No 2.
N
M
m
No 1.
No 1.
I
L
B
C
M
A
A SUD
H

Les N°s. 1 à 6 indiquent la division du Bois Garenne en six parties.

Les N°s. 1 à 3 s'appliquent au Bois Masure, divisé en trois portions.

Le N°. 22 indique le chemin de la Cavée de la Haie ;

Le N°. 23 , les bois de Saint-Vanbourg , ou de la basse forêt du Neubourg ;

Le N°. 24, l'allée méridionale ou divisionnaire de tout le bois du Parc en deux parties est et ouest (1) ;

Le N°. 25, les masures et terres à labour de diverses personnes ;

Le N°. 26, la pièce de terre à labour dite *la Couture*, appartenant à M. Binière-Bidault ;

Le N°. 27, le chemin du bourg d'Harcourt à la Haie de Cailleville ;

Le N°. 28, la rue Vallet, du bourg d'Harcourt, débouchant dans le carrefour et la rue du Château ;

Le N°. 29, les maisons ou masures de divers particuliers, bordant cette rue et ce carrefour ;

Le N°. 30 , les terres à labour de M. de la Roche et de M. Chrétien ;

Le N°. 31, le chemin dit de l'Abbaye ou du bourg d'Harcourt à la Neuville du Bosc ;

Le N°. 32, l'enclos de l'ancienne abbaye ou de l'ancien prieuré de Notre-Dame du parc d'Harcourt, fondé en 1257, par l'un des sires d'Harcourt, qui y avaient leur sépulture.

---

(1) Quant aux autres allées , les unes divisionnaires des ventes , les autres de pourtour du bois, ainsi qu'aux sentiers, elles sont bien figurées au plan, mais sans porter de Numéros, qu'il aurait fallu trop multiplier.

Enfin le N°. 33 indique quelques-unes des barrières placées aux entrées des allées et sentiers du bois du Parc, et d'autres parties du premier Morceau.

PLANCHE 2.

A, Chemin de Beaumont-le-Roger à Brionne.

B, Chemin Perey.

C, Chemin de Valleville à la Haie de Cailleville.

D, Chemin de Valleville à Beauficel.

E, Chemin de *pure tolérance,* tendant de Valleville au hameau du Bocage.

F, Chemin de la Cavée de Valleville.

G, Chemin du Pont-Forêt.

H, Chemin du moulin de Valleville.

J, Mare, dite *du Fil.*

K, Carrefour des Fients.

L, Allées divisionnaires de quelques-unes des douze ventes du bois de Valleville, et sentiers qui traversent plusieurs de ces ventes.

m, Sentier régnant tout au pourtour du bois, sauf les parties où il est limité par des chemins publics.

Les Numéros indiquent la division de ce bois de Valleville en douze parties, ventes ou massifs, qui ont chacun un nom différent, énoncé dans l'ouvrage ; mais l'étendue superficielle de chacun de ces massifs n'y étant pas exprimée, on les donne ici en mesure ancienne et locale.

N°. 1 contient (1) . . . 10 acres 3 vergées 36 perches.

	acres	vergées	perches
2.	14	2	10
3.	12	1	7
4.	18	1	9
5.	18	1	9
6.	18	1	9
7.	25	3	38
8.	12	1	1
9.	12	3	18
10.	12	3	19
11.	13	3	19
12 et dernier.	15	3	28

TOTAL. . . . 186 acres 2 vergées 3 perches.

PLANCHE 3.

A Indique les quatre points cardinaux du bo's de Beauficel.

B, Remises de feu M. Hervieu , à qui a succédé M. Le Breton.

C, Chemin dit *du Bec*.

D, Bois de Marlay, ayant dépendu du comté de Brionne, et acquis par M. le marquis d'Aligre de Madame la princesse de Vaudemont.

E, Bois de la vallée aux Bœufs, *idem*.

---

(1) L'acre a une contenance de cent soixante perches de vingt et un pieds de roi, ou de presque soixante-quinze ares.

La vergée forme la quatrième partie d'une acre, et se compose de quarante perches de vingt et un pieds de roi.

F, Vente du Foulrey, dépendante du bois de Valleville.

G , Terres à labour d'un grand nombre de particuliers.

H, Ancienne friche de feu M. Hervieu ou de M. Le Breton , semée dernièrement en pins maritimes.

I , Chemin de *pure tolérance*, dit des Chouquets.

J, Chemin de Valleville aux forges.

K , Chemin des forges au hameau de Callouel et à Brionne.

L, Allées pour la circulation et pour le débardage des bois.

M et *m*, Sentiers de pourtour et d'inspection , ainsi que transversaux de quelques-unes des ventes ou massifs.

N, Chemin du village de Valleville au bourg d'Harcourt.

Les Numéros indiquent, comme dans la seconde Planche, la division du bois de Beauficel et douze massifs dont l'étendue est; savoir,

N°. 1 de	4 acres	1 vergée	32 perches.
2	4	1	12
3	4	3	25
4	2	3	17
5	3	2	7
6	3	2	14
7	5	2	13
8	5	1	29
9	6	2	7
10	4	2	35
11	4	1	»
12 et dernier.	4	2	7
TOTAL	54 acres	1 vergée	38 perches.

TABLE DES MATIÈRES.

Pag.

AVERTISSEMENT   v

PREMIÈRE PARTIE.

CHAPITRE PREMIER,

Consacré à des observations préliminaires. . .   1
Désignation de propriété.   3
Premiers travaux   8
Autres travaux   9
Travaux définitifs, ou création de richesse
   millionnaire.   10

CHAPITRE II,

Concernant les travaux exécutés dans le pre-
   mier et le second Morceau.   14
Choses générales. . . . .   id.
Bois du Parc.   16
Bois Garenne   46
Bois Masure.   62
Ancien Verger.   66
Ancien Potager.   69
Grand Parterre   71
Quinconce.   72
Cour d'honneur, Basse-cour, Petit-Pré. . . .   73
Terre dite la Pâture   74
Bois des Remises, ou second Morceau. . . .   77

(306)

CHAPITRE III.

Pag.

Consacré à faire connaître les travaux exécutés dans le troisième Morceau, ou le bois de Valleville 79

CHAPITRE IV,

Où sont expliqués les travaux faits dans le quatrième Morceau, ou le bois de Beauficel. . 122

CHAPITRE V,

Où la création de bois de pins est envisagée sous le rapport de sa dépense 171

CHAPITRE VI,

Destiné à examiner quels sont les produits et les profits qui doivent résulter de cette création de bois. 180
Observations. . . . . id.
Objection 187
Réponse 188
Évaluation des produits et des profits . . . . . id.
Époque où s'obtiennent les produits. 202

CHAPITRE VII,

Consacré à faire la comparaison de la dépense de la création des bois de pins avec les produits ou les profits qui en doivent résulter. . 205

CHAPITRE VIII ET DERNIER,

Contenant quelques remarques et réflexions. . 212

SECONDE PARTIE.

CHAPITRE PREMIER,

Pag.

*Où il est expliqué quels doivent être les succes-
seurs de l'auteur de cette création de bois.* .   219

CHAPITRE II,

*Concernant les points généraux auxquels il
convient de se fixer dans l'aménagement,
l'exploitation et le repeuplement, ou la perpétuité du bois de cette création.*   235

CHAPITRE III,

*Où on fait l'application de ces points généraux
à chacun des bois, les uns créés, les autres
restaurés.*   253
Au bois du Parc . . . .   id.
Au bois Garenne.   260
Au bois Masure. . . . .   id.
A l'ancien Verger. . . . . ;   261
A l'ancien Potager et au bois des Remises. . .   262
Au bois de Valleville.   263
Et au bois de Beauficel.   272

CHAPITRE IV ET DERNIER,

*Consacré à des conseils et à des recomman-
dations d'un ordre secondaire.*   281

Explication des trois Planches.   300

FIN DE LA TABLE DES MATIÈRES.

ERRATA.

Page 18, ligne 4, au lieu de pochettes, *lisez* poches.

Page 19, ligne 12, au lieu de 1821, *lisez* 1811.

Page 28, ligne 12, au lieu de 1824, *lisez* 1814.

Page 77, ligne 24, au lieu de la diviser, *lisez* de le diviser.

Page 91, ligne 15, au lieu de celle-ci, *lisez* celles-ci.

Page 93, ligne 27, au lieu de connu, *lisez* comme.

Page 96, ligne 1re., au lieu de locaux, *lisez* locales.

Page 111, dernière ligne, au lieu de Carrefour-des-Firats, *lisez* Carrefour-des-Fients.

Page 132, ligne 13, au lieu du, *lisez* des.

Page 156, ligne 1re., au lieu de ayant, *lisez* aient.

Page 159, ligne 12, au lieu de au, *lisez* aux.

Page 297, ligne 8, au lieu de j'aurais, *lisez* j'aurai.